푸드닥터 마스터 클래스

푸드닥터 마스터 클래스

면역 주스부터 항염·항암 집밥까지
음식 처방하는 약사의 위대한 치유 밥상

한형선·황해연 지음

사슴의 숲

푸드닥터 마스터 클래스

초판 1쇄 발행 2024년 11월 11일
초판 5쇄 발행 2025년 2월 25일

저자 한형선, 황해연
발행인 김미은
콘텐츠 & 비주얼 디렉팅 스튜디오 사슴(@studio.saseum)
편집 최원정
디자인 말리북
푸드 스타일링 스튜디오 사슴 김미은, 손모아, 이나리
요리 박소현, 이인선
사진 박동민, 윤승혁(810studio)

펴낸곳 사슴의 숲
출판등록 제2024-000104호
주소 서울 송파구 백제고분로36가길 17 2층
전화 0507-1410-5293
Instagram @deerinwoods_
Email saseum.society@gmail.com

인쇄 (주)홍인그룹
ISBN 979-11-989298-0-8 13590

ⓒ 한형선, 황해연 2024
촬영 이미지 ⓒ 사슴의숲 2024
Printed in Korea

음식이
약이 될 수 있을까?

한형선

매일 먹는 음식이 사실
가장 강력한 약이 될 수 있다

약사가 되어 처음 몇 년 동안은 약에 대한 강한 믿음을 가지고 환자들을 만났다. 하지만 시간이 지나면서 약의 한계와 부작용을 셀 수 없이 목격하게 되었다. 몇십 년째 혈압약이나 당뇨약을 먹어온 환자들은 좋아지기는커녕 나빠져서 약이 늘어나기만 했고 약의 부작용 때문에 엉뚱한 곳에 문제가 생기는 경우도 있었다.

건강을 되찾으려면 약으로는 부족했다. 대부분 잘못된 식습관이나 생활 습관 때문에 건강을 잃고 질병으로 고통받고 있으면서도 치료 과정에서 음식의 중요성은 간과되고 약으로만 치료하는 현실은 모순 그 자체였다. 무언가 다른 접근이 필요했다.

고민하던 나는 환자들에게 '음식 처방'을 하기 시작했다. 처음에는 많은 사람들이 의아해했다. "약사가 왜 음식 얘기를 하지?" 하고 말이다.

하지만 진심 어린 조언에 사람들은 조금씩 마음을 열었다. 음식처방을 반신반의하며 꾸준히 따라한 환자들에게서 변화가 일어나는 데는 그리 오래 걸리지 않았다. 거짓말처럼 만성질환으로 고생하던 환자들의 상태가 호전되기 시작했다. 당뇨병 환자의 혈당이 안정되고, 갑상선호르몬 환자의 호르몬 수치가 정상으로 돌아왔다. 난치병도 예외는 아니었다. 건강을 잃고 다시는 이전으로 돌아갈 수 없을 거라고 생각하던 환자들이 음식으로 점점 치유되는 과정은 놀라움의 연속이었다. 건강을 되찾은 사람들을 지켜보며 나는 올바른 길을 걷고 있다는 확신을 얻었다.

길게 아픈 100세 시대의 답, 음식치유

현대 과학과 의학이 발전했음에도 불구하고, 음식과 인체의 관계에 대한 이해는 아직 초보적인 단계에 머물러 있다. 음식은 이러한 의학과 과학의 부족한 부분을 채워주는 역할을 하며 우리의 건강한 삶을 유지하게 하는 근본적인 에너지원이며 재료이다.

멧돼지를 잡기 위해 설치해 놓은 올가미에 내가 걸렸다면 얼마나 안타까울까? 좋아서 먹던 식습관 때문에 내 몸에 병이 생겼다면 '습관의 역습'이라 할 만하다. 지금의 내 모습은 최소한 지난 2년 동안 먹어온 음식의 결과물이라고 보면 된다.

그렇다면 우리는 어떤 결과물을 만들어가고 있을까? 100세 시대를 살아가고 있지만 과연 우리는 건강하게 100세를 맞이할 수 있을까? 안타깝게도 현대인은 짧게 살다 길게 죽어가고 있다. 나이 들고 병에 걸려 누군가의 도움에 의해서 삶을 살아가는 돌봄의 단계를 거쳐서 죽음을 맞이하는 것이 100세 시대의 민낯인 것이다.

평균 수명 100세보다 건강 수명 100세가 훨씬 중요하고 의미가 있다.

건강 100세를 꿈꾼다면 음식을 바꾸어 결과를 바꿔야 한다.

내 몸 안의
진짜 의사를 깨우는 음식

음식으로 건강을 지킬 수 있을까? 물론이다. 이 물음에 대한 답을 모르는 사람은 아마도 없을 것 같다. 그런데 질문을 바꾸어 '음식으로 질병을 치유할 수 있을까?'라고 물으면 의문을 품게 된다.

많은 사람들이 약으로도 고치기 어려운 병을 음식으로 어떻게 고치겠냐고 생각할 것이다. 그러나 모두가 걸어가고 있는 길, 많은 사람이 알고 있는 지식이 항상 옳은 것은 아니다. 누구는 단백질 섭취가 중요하다고 하고 누군가는 우유가 좋다고 한다. 어떤 학자는 식이섬유가 많은 음식을 먹어야 한다고 주장하지만 어떤 학자는 고섬유질이 장을 망가뜨리고 간암을 유발할 수 있다고 한다. 어떤 유명한 암 센타에서는 암 치료와 식단은 관련성이 없으며 만일 누군가 음식으로 암을 치료한다고 하면 그것은 '사기꾼일 뿐이다.'라고 주장했다.

이렇게 지식이 흘러넘치는 현대 사회에서는 무엇이 옳고 무엇이 틀린지 판단하기가 어렵다. 그래서 '검색'하지 말고 '사색'하라는 말이 있다. 지식보다는 곰곰이 생각하고 판단하는 지혜로움이 필요한 것이다.

잘못된 음식이나 생활습관이 질병을 만든다는 데는 누구나 공감할 것이다. 안전한 지대에서 생활을 하다가도 어쩌다 음식 습관이나 생활 습관이 무너지면 낭떠러지로 떨어지게 된다. 이때 아래서 받치고 있는 그물망이 있는데, 그물망의 역할을 잘 해내는 것이 바로 현대 의학이나 의약품이다.

이마저 없던 시절에는 떨어지는 걸로 생을 마감하거나 건강을 잃게 되는 경우가 많았다. 그러나 그물망이 받쳐줬다고 해서 곧바로 다시 안전지대로 들어갈 수 있는 것은 아니다. 다시 건강해지는 일은 단지 약이나 수술로 가능하지가 않기 때문이다. 안전지대로 가는 길은 가까이에 있다. 내가 평소 무슨 음식을 먹는가, 내가 어떤 습관을 가지고 일상 생활을 하는가가 나를 안전한 지대로 이끄는 열쇠인 것이다. 히포크라테스의 "음식이 약이 되게 하여 내 몸 안에 의사를 깨워야 한다."는 명언은 이러한 음식 치유의 원리를 잘 표현하고 있다. "잘못된 음식 섭취를 계속한다면 약은 소용 없다. 식사법이 옳다면 약이 필요 없다." 이 말은 인도 전통 의학인 아유르베다에서 나온 말이다. 동의보감을 쓴 허준 선생도 "병이 났을 때는 약보다는 우선 음식으로 다스려야 함이 마땅하다."고 이야기했다.

과학과 의학의 눈부신 발전에도 불구하고, 현대 의학이 해결하지 못하는 영역은 여전히 존재한다. 현대 의학은 감염성 질환이나 사고로 인한 외상 치료에 있어서는 놀라운 성과를 보여주고 있지만 우리의 건강 수명을 방해하는 많은 만성 질환들에 대해서는 아직 뚜렷한 해답을 주지 못하고 있다. 당뇨병, 고혈압, 비만 같은 대사성 질환들, 그리고 아토피, 건선, 위장 질환 등 많은 현대인들을 괴롭히는 질병들은 물론이고 생명을 위협하는 심장병, 암에 대해 근본적인 해결책을 제시하지 못하고 있는 것이 현실이다.

응급 상황에서 현대 의학의 힘은 분명 효과적이다. 하지만 건강하고 활기찬 100세 인생을 꿈꾸는 현대인들에게는 아직 부족한 점이 많다. 따라서 질병 없는 건강이라는 안전지대를 가기 위해서는 질병이 발생하기 전에 미리 예방하고 준비해야 한다. 현대 의학적 소견으로 진단명을 받았을 때는 이미 건강에 적신호가 켜진 후이기 때문이다. 우리 몸에는 스스로를 치유하고 균형을 유지하려는 '항상성'이라는 놀라운 능력이 있다. 이 항상성이야말로 우리 몸 안의 진정한 의사이며, 생명 활동의 핵심이다. 생명력 넘치는 자연의 음식들이 내 안의 의사를 깨워, 질병을 물리치고 건강을 되찾아 줄 것이다. 잘못된 음식은 질병을 만들지만, 생명이 깃든 음식은 질병의 마침표를 찍게 한다. 올바른 음식 섭취와 마음가짐은 스스로 치유할 수 있는 능력을 회복시키는 가장 자연스럽고 핵심적인 일이 된다.

음식은 단지 약의 보조제가 아니다. 우리가 알고 있는 약이라는 것은 음식이라는 '진짜 약'이 효과를 발휘할 수 있을 때까지 보조해주는 역할을 하는 것이다. 정말 건강의 안전지대로 들어가기를 원한다면 약의 자리에 음식을 두어야 한다. 그러나 건강한 삶으로의 여정은 짧고 단순하지 않다. 매일매일 꾸준히 섭취하는 건강한 음식이 질병의 마침표를 찍게 한다는 점을 잊지 말아야 한다.

이 책이 여러분의 삶에 변화의 시작이 되기를 진심으로 바란다. 오늘부터 여러분의 식탁을 작은 약국, 작은 병원이라고 생각해보자. 식탁 위에 놓인 수프 한 그릇, 샐러드 한 접시, 한 그릇의 국…. 이 모두가 여러분의 몸을 치유하고 지키는 강력한 도구가 된다. 매 끼니가 내 몸을 위한 처방이 되는 것이다. 매일의 밥상으로 스스로를 치유하고 지키며 활기찬 삶을 살아가는 독자들의 모습을 그려본다.

죽음의 문턱에서 돌아와
음식을 처방하는 약사가 되다

황해연

약 부작용으로
인생의 나락에 떨어지다

약을 다루는 약사가 약 부작용으로 죽다 살아났다고 하면 믿기 어렵겠지만, 내가 그랬다.

어느 날부터 잠이 오지 않았다. 불면증을 한 번이라도 겪어본 사람이면 누구나 잠이 얼마나 소중하고 간절한 것인지 알 것이다. 잠을 깨는 것은 얼마든지 의지대로, 원하는 때에 할 수 있지만 불면증이 생기고 나면 무슨 수를 써도 잠들 수가 없다. 속수무책으로 밤을 지새우는 날들이 지속되었고 수면제는 너무 쉬운 해결책이었다. 잠시라도 잠을 자는 것이 너무 절실해서 약을 거부할 수는 없었다.

이상하게 들리겠지만 불면증 약의 부작용은 불면증이다. 처음에는 수면제를 먹기가 두려웠다. 그러나 한 번, 두 번 먹기 시작하자 쉽게 수면제에 의존하게 되었다.

수면제에 중독되면 가장 먼저 사라지는 것은 판단력이다. 이 약을 먹으면 된다, 안 된다는 생각 자체가 사라지는 것이다.

아이러니하게도 수면제에 완전히 지배당해 '이제 없으면 못 살겠다.' 하는 순간이 오면 이때부터는 그 약을 먹어도 잠이 안 오게 된다. 그러면 더 강력한 수면제를 찾고, 잠이 또 안 오면 더 약효가 강한 약을 찾았다.

그러다 어느 순간 약효가 듣지 않았다. 뜬눈으로 밤을 새기 시작했고 석 달 가까이 잠을 못 잔 적도 있었다. 하루가 다르게 살이 빠져 갈비뼈가 드러날 정도로 몸이 말라 다리가 드러나는 옷은 입을 수도 없었다.

거울을 보면 삶의 의지도 없고, 생기라곤 하나도 없는 여자가 거울 속에서 날 바라보고 있었다. 마치 내가 귀신이라도 된 것 같았다.

우울증이 온 것이다. 우울증 하면 대부분 슬픔이나 괴로움을 떠올리지만 사실 우울증은 무기력, 즉 에너지가 없는 상태에 가깝다. 숟가락을 들 힘조차 없었고 누군가 웃는 모습을 보면 '어떻게 저렇게 웃을 수 있을까?' 하는 생각이 들었다. 내가 웃을 수 없었기 때문이다.

길고 어두운 터널을 빠져나온 건 오로지 아이들 때문이었다. 살아야 했다.

짓누르는 무력감을 가까스로 떨치고 일어나 흐르는 눈물을 닦으며 하루에 몇 시간씩 운동을 했고 약국 뒤편 조제실에서 남몰래 울면서 일을 했다. 나에겐 살아야 하는 이유가 있었으니까. 아직 어린아이들이었고, 엄마의 빈자리를 느끼게 하고 싶지 않았다.

돌이켜보면 이런 숱한 노력들이 있었기에 지금의 내가 있는 것이지만 이때만 해도 다시는 전처럼 건강해질 수는 없을 것 같았다.

그러던 내 인생을 바꾼 것은 어느 날 우연히 발견한 책 한 권이었다. 그 자리에서 한 권을 뚝딱 읽어버렸고, 순간 온몸에 전율을 느꼈다. 《한형선 박사의 푸드닥터》라는 이 책은 음식과 인체, 자연의 원리에 대해 이야기하고 있었고 놀라운 임상 사례들로 가득했다.

내가 알지 못했던 세상이었다. 그 세상에 호기심이 생겼고, 어쩌면 시 들어가는 나를 살릴 수도 있겠다는 생각을 했다. 어디서부터 잘못된 선택을 했는지 알고 싶었다.

마음이 급했다. 다 사라져버린 것 같았던 열정이 생겨났고, 약이 아니라 음식을 권하는 '바보 약사'라고 불리는 책의 저자를 찾아갔다. 그렇게 나의 스승이자 멘토인 한형선 박사님을 만났다.

음식 치유를 만난 후의 새로운 삶

오랜 세월 약사로 살아왔지만 한형선 박사님을 만나고 나서 음식과 몸의 원리에 대해 체계적으로 다시 공부를 시작하였다.

"음식 재료가 가지고 있는 치유 성분을 효과적으로 섭취하고 흡수하게 할 수 있을까?"

"어떻게 하면 우리 몸에 들어온 음식의 영양 성분을 활성화해서 화학적으로 만든 약 이상으로 약리 작용이 나타나게 할 수 있을까?"

이전에는 생각해보지 못한 영역을 파고들었다. 한 박사님의 끝없는 고민과 연구 결과는 나를 사로잡았고 무엇에 홀린 듯 공부하고 또 공부했다. 그리고 근본적인 치유는 철저하게 '일상적'이라는 것을 깨닫게 되었다.

다시 아프기 전으로 돌아갈 수 있다는 것을 알게 되기까지는 많은 시간이 걸리지 않았다. 나는 건강해질 수 없는 게 아니라 방법을 몰랐을 뿐이었다.

음식, 즉 자연의 힘으로 치유받는 경험은 정말 놀라웠다. 몸은 물론 마음까지 치유받았으니 말이다.

동네 수퍼마켓에 있는 흔한 음식재료들로 만드는 간단한 국이나 수프, 주스 등을 먹고 마시며 하루하루 건강해졌고, 조금씩 약에서 자유로워졌다.

지독한 불면증과 약 부작용으로 벼랑 끝에 서 있었던 나는 이렇게 약과 아픔에서 해방되었다. 아침에 눈을 뜨는 것도 온 힘을 다해야 했던 내가, 지금은 약국을 운영하면서도 온·오프라인 가리지 않고 '음식 치유' 강의를 하는 에너지 넘치는 사람이 된 것이다.

무엇보다 아이들에게 자랑스러운 엄마가 되어가는 것을 보면, 그 힘들었던 시간을 통해 내가 더 빛나는 삶을 살게 되었구나 싶다.

이제 나는 설레는 마음으로 아침을 맞이한다. 내가 선택한 '음식 치유'의 길이 나 자신뿐만 아니라, 나와 함께하는 이들에게 긍정적인 변화를 가져오고 있는 것을 지켜보는 요즘처럼 행복한 적이 있었을까?

음식으로 치유하는
약사

수면제가 지닌 한계와 부작용을 처절하게 겪을 때는 "이 약을 한 알이라도 먹어 보고 처방을 하는 걸까?"라는 원망까지 들었다. 물론 꼭 필요한 약처방들이 있다. 하지만 그 약을 끊었을 때 다시 전의 상태로 돌아가거나 더 나빠진다면, 그것을 치료라고 볼 수 있을까?

나를 근본적으로 치유한 건 병원이나 약이 아니라 음식이었다. 만약 음식 치유라는 선택을 하지 않았더라면, 약에 의지해 지배당하는 삶을 살았더라면, 지금 나는 어떤 모습으로 살아가고 있을까? 아, 생각만 해도 아찔하다.

음식치유를 알고 나니 더 이상 예전 같은 약사로는 살 수 없었다. 내가 운영하는 약국 앞에는 '음식치유 상담전문약국'이라는 수식어가 붙는다. 나 또한 한 박사님처럼 약이 아닌 음식을 처방하는 약사이자 푸드닥터가 된 것이다.

약사가 음식 처방을 한다고 하면 의아하게 생각하는 분들이 많다. 푸드닥터란 환우의 식습관을 지도하는 전문가이다. 질병, 몸의 상태, 생활습관, 환경, 성격을 파악한 뒤, 종합적인 건강 솔루션을 처방하는 것이다.

상담받은 환자들이 늘어날수록 70세 된 할머니가 몇십 년간 복용하던 수면제를 끊고, 전신 아토피를 앓던 청년이 완치되는 기적 같은 사례들도 많아졌다.

밥상과 생활습관을 바꾸고 평생 달고 있던 증상과 통증이 말끔히 사라진 많은 환자들을 볼 때마다 '밥상 치유'야 말로 만성질환이라는 전쟁에서 승리하기 위한 유일한 방법임을 다시 깨닫게 된다.

오늘도 나의 카톡방은 상담받고 있는 환우들의 이야기들로 활기차다.

"카톡 카톡"
"선생님, 아버지가 바지락마늘탕을 매일 드시고 많이 좋아졌어요!"

"카톡 카톡"
"남편이랑 저랑 살이 5킬로나 빠지고 피로가 사라졌어요."

이들을 보면 참 뿌듯하다.
단순히 배를 채우기 위해 먹지 말고 치유하는 음식으로 바꾸라고 외치고 다닌 보람이 쑥쑥 솟는다.
한 사람이라도 더 많은 사람들이 이렇게 음식으로 건강을 되찾기를,

그리고 지키기를 바라는 마음에 이 책을 쓰게 되었다. 매일의 밥상이 가진 위대한 치유의 힘을 내 것으로 만드는 방법을 누구든 쉽게 알 수 있도록 설명하였다. 이 책이 갑자기 찾아온 질병으로 길을 잃은 사람들에게 건강한 삶으로 가는 길잡이 역할을 하기를 바란다.

차
례

PART 2.

수많은 사람을 치유한 기적의 레시피

1. 매일 마시기만 해도 몸이 달라진다
주스·식혜·건강수

2. 따끈한 한 그릇의 기적   수프·죽

3. 세상 가장 건강한 한 끼   밥요리

4. 자연의 힘을 곁들여 먹다 　　　　　　　　　　　　　　　반찬

5. 후루룩~ 뜨끈하고 맛있는 치유의 시간

몸을 극적으로
변화시키는 '밥상의 치유력'

1.

일생에 한 번은
음식 공부를 해야 한다

근본적으로 내 몸을 치유하고 싶다면 무게 중심을 병원이나 약에서 밥상으로 옮겨야 한다.

질병을 치유하고, 감염을 예방하고, 노화를 예방하는 모든 방법이 음식 안에 있다. 음식은 감기, 알레르기와 같은 흔한 질병과 암을 비롯한 난치병으로부터 자신을 지킬 수 있는 최고의 치료제이다.

약보다는 음식으로
온전한 몸의 균형 되찾기

노력을 하는데 원하는 만큼의 건강을 누리지 못하고 있다면 유전이나 환경의 문제일 수도 있지만 그에 앞서 매일 먹는 음식에 대한 지식이나 태도가 문제일 수도 있다는 생각도 해야 한다. 건강관리에 점점 더 많은 비용을 지출하면서도 얻는 것이 점점 줄고 있는 이유는 이것을 간과했기 때문일 것이다.

병원에 가서 진료를 받고, 약을 먹고, 수술을 하는 치료 못지않게 매일의 음식으로 치유하는 것이 매우 중요하다는 것을 아는 사람들은 많지 않다.

내가 먹는 것이 곧 나를 만든다는 말이 있다. 이는 당장의 통증이나 증상을 없애는 치료가 아닌 진짜 치유에 관한 이야기이다. 음식 재료가 가진 본질이나 특성을 이해하고 재료들의 생존 과정에서 생겨나는 생명력을 이해하고 잘 활용하는 것이 질병을 근본적으로 치유하는 중요한 열쇠가 되기 때문이다.

음식 재료의 특성을 안다는 것은, 나에게 필요한 음식이 무엇이고 피해야 하는 음식은 무엇인지, 어떻게 요리해서 먹어야 그 치유 효과를 극대화시킬 수 있는지를 안다는 이야기이다. 우리 삶에 이보다 중요한 지식이 있을까?

어떤 음식은 우리가 병원에서 맞는 영양수액의 몇 배의 효과를 낸다. 알고 보면 비싼 보양식도 아니다. 예를 들어 빈혈에 시달리거나 이유 없이 피곤하고 에너지가 없다고 호소하는 이들에게 처방하는 음식으로 모시조개탕이나 바지락탕이 있다. 매일 꾸준히 먹으면 이 모시조개나 바지락이 주는 힘이 절대 우습지 않다. 처음엔 반신반의하지만 지속적으로 먹은 사람들은 그 효과에 놀라곤 한다.

바지락이나 모시조개는 철분이 많아 조혈작용을 하며 비타민 B12가 함께 포함되어 있어서 빈혈환자에게 좋다. 타우린이 풍부해서 간을 건강하게 해주며 콜레스테롤 배출에도 도움이 된다. 칼슘, 아연, 철분, 마그네슘 등 미네랄도 풍부하다. 이 정도면 그냥 링거도 아니고 슈퍼 링거 수준이다.

그런데 우리 먹거리의 현실은 어떨까? 현대인들의 식탁은 질병을 치유하기는커녕 유발하는 자극적인 음식들로 가득하다. 그러니 겉으로는 비만에 시달리고 있지만 속을 들여다보면 영양실조 상태인 경우가 태반인 것이다. 지방, 단백질, 탄수화물은 넘치지만, 정작 식이섬유, 비타민, 미네랄은 고갈된 밥상 때문이다. 현대의학의 눈부신 발전

타우린이 풍부하고 철분과 비타민 B12
가 풍부한 조개탕은 꾸준히 먹으면 영양
수액 몇 배의 효과를 낸다.

에도 불구하고 우리가 왜 질병에 시달리고 아픈지를 알 수 있는 대목
이다.

100세 시대가 왔다. 지금 식탁을 바꾸지 않으면 우리는 길고 고통스
럽게 아플 수 있다. 가장 먼저 무엇을 먹을지, 또 무엇을 먹지 않을지
판단할 능력을 키워야 한다. 그런데 학교에서도, 아파서 달려간 병원
에서도 무엇을 어떻게 먹을지 가르쳐주지 않는다. 내가 잘 모르니 아
이들에게도 이러한 능력을 길러줄 방법이 없다.

사실 병원에 가기 전이 중요하다는 것을 누구나 알지만 자본주의 세상에서 병원이 돈이 되지 않는 질병 예방에 힘써 주기를 바라는 것도 무리이다. 우리 몸을 지킬 수 있는 건 우리 자신뿐이라는 이야기이다. 그러니 건강한 사람이나, 그렇지 않은 사람이나 일생에 한 번은 음식 공부를 해야 한다.

나는 약이 아닌 음식으로 치유하는 세상을 꿈꾸는 약사이다. 그동안 많은 환자를 만나며 깨달은 음식 치유법과 많은 사람을 치유한 레시피를 이 책에 담았다. 이 책으로 독자들이 음식 치유에 대해 이해하고 적용하여 약보다는 음식으로 온전한 몸의 균형을 되찾기를 진심으로 바란다.

의학의 발전은
우리의 건강과 삶을 지켜주지 못한다

현대 의학의 힘을 부정하는 건 아니다. 급성 감염 질환은 당연히 항생제로 치료해야 한다. 어려운 수술로 목숨을 살리는 것도 얼마나 대단한 일인지 잘 알고 있다.

그러나 원인은 두고 증상만 치료하는 해결책은 약이 아니라 독이 될 수 있다. 살다가 마주할 수 있는 여러 가지 건강 문제들을 원인은 해결하지 못한 채 약으로만 해결하려고 하면 영원히 답을 찾을 수 없을지도 모른다.

집에 불이 나면 소방관이 출동해서 불을 꺼주지만 불이 꺼졌다고 해서 모든 게 해결되는 것은 아니다. 불에 탄 집을 복구하고, 일상을 되찾고, 불이 난 원인을 찾아 다시는 불이 나지 않도록 하는 것은 온전히 나의 몫이다. 그런데 이러한 일은 시간이 걸리기 마련이다. 건강도 마찬가지다. 약이나 수술로 당장의 고통에서 벗어났다고 해서 건강이 저절로 찾아오는 건 아니다.

그러나 잘못된 식습관과 생활습관으로 생긴 질병으로 고통받고 있으면서, 원인은 그대로 둔 채 약에만 의존하는 사람들이 많다. 잠시 좋아지는 것 같다가도 병이 재발하는가 하면, 오랜 기간 그 질병에서 빠져나올 수 없는 이유는 근본적인 치료를 하지 않아서이다.

하루하루의 먹거리가 몸 상태를 결정하고, 내 미래의 삶을 결정한다. 그렇기에 아프지 않은 인생을 살기 위해서는 매일의 음식을 잘 선택해야 한다.

몸의 균형이 깨졌을 때, 각 상황에 맞게 현명하게 대처하여 균형을 바로잡아줄 수 있는 음식을 먹어야 내 몸이 좋지 않은 길로 빠지지 않고 좋은 방향으로 나아갈 수 있는 것이다.

음식치유는 근본적인 치유이다. 단지 질병의 증상을 완화하거나 억제하는 치료가 아니다.

음식으로
치료하는 비결

그렇다면 무엇을 어떻게 먹어야 할까? 지금 나에게 가장 필요한 음식은 무엇일까? 어떤 음식을 먹어야 아픈 곳이 나을 수 있을까? 이런 질문에 누구에게나 해당되는 시원한 대답이 있으면 좋겠지만, 현실은 그렇지 않다. 각자의 건강상태나 체질도 다르고, 같은 음식도 먹는 방법에 따라 효과가 다르기 때문이다.

그러나 나에게 맞는 음식 치유 방법을 한 번 알게 되면, 건강의 선택권은 나에게 주어진다. 내 몸이 스스로 나를 치유할 수 있는 길에 이르게 되는 것이다. 게다가 우리 주변에 흔히 구할 수 있는 식재료만으로도 충분하다.

지금부터 음식이 약이 되는 원리와 음식을 통해 병을 예방하고 근본적으로 다스리는 방법을 하나씩 알아보자.

내가 먹는 음식이 바로 나의 주치의다

일단 약은 주연이고 음식이 조연 역할을 한다는 생각부터 바꿔야 한다. 매일 먹는 음식이 단연 주연이고 '진짜 약'이다. 약은 우리가 먹는 음식들이 효과를 잘 발휘할 수 있을 때까지 도와주는 역할을 할 뿐이다.

내 몸이 스스로 건강해질 수 있도록 돕는 가장 큰 조력자가 우리가 삼시세끼 먹는 음식이라는 걸 인지한다면, 음식 치유는 이미 시작된 것이나 다름없다.

"음식이 약이 된다고?" 하며 의아해하는 사람들도 많을 것이다. 먼저 음식이 어떻게 우리를 치유할 수 있는지를 이해하려면 일단 식재료 하나하나가 가진 놀라운 힘을 알아야 한다.

사실 이 자연의 힘은, 처절한 생존의 몸부림에서 나온다. 식물들도 우리처럼 살아가는 데 고민이 참 많다. 동물들은 더우면 시원한 곳으로, 추우면 따뜻한 곳으로 이사 갈 수 있는데 식물들은 태어난 곳에서 평생 살아야 하니 말이다. 비가 안 오면 목말라하고, 햇빛이 너무 뜨거우면 그 자리에서 견디면서 살아남아야 하는 것이다.

그래서 식물들은 살아남기 위해 나름대로 비법을 개발했다. 그렇게 식물들이 살아남은 덕분에 우리가 맛있는 채소와 과일을 먹을 수 있게 된 것이다. 그런데 신기한 건, 식물이 자신을 지키기 위해 오랜 시간에 걸쳐 갖게 된 각 식물의 성분이 우리 건강에 도움이 된다는 것이다.

예를 들어 미나리처럼 물속에 사는 식물들은 물을 이기는 방법을 알고 있다. 물을 버리고 해독할 줄 알며, 활동적인 성질을 가지고 있어 차가운 물을 견딜 수 있다. 그래서 몸이 차갑거나, 혈액순환이 안 되는 사람들에게 미나리가 도움이 된다. 신기하게도 매운탕에 미나리를 넣으면 시원하면서도 땀이 나는 이유가 바로 이 성분 때문이라고 이해하면 쉽다.

미나리는 물에서 자라는 식물이라 물을 배출하는 능력도 대단하다. 물을 적게 저장하기 위해 속이 비어 있으며 물을 내보내는 작용도 열심히 한다. 그래서 부종이 있어 몸이 묵직하고 무거운 느낌이 들 때

식물 영양소(파이토케미컬)는 다양해
서 수천 가지가 넘는다. 식물들의 다양한
색깔과 향도 모두 식물 영양소이다.

미나리를 섭취하면 도움이 된다.

이렇게 식물들은 자신을 지키고 성장하며 번식하기 위해 특별한 화합물을 만들어낸다. 이것을 '식물 영양소' 또는 '파이토케미컬'이라고 한다.

어린 식물들은 신맛 나는 성분을 만들어 주변에서 성장에 필요한 것들을 끌어모은다. 그리고 해충이나 균 같은 적으로부터 자신을 지키기 위해 독이 있는 성분도 만들어낸다. 독을 방패로 삼는 것이다. 그러다가 어느 정도 자라면 달콤하고 맛있는 열매를 만들어 동물들이 먹게 한다. 씨앗을 퍼뜨리기 위함이다. 이러한 영리한 방법들에 감탄하지 않을 수가 없다.

이런 식물 영양소는 수천 가지가 넘는다. 토마토의 빨간색, 파프리카의 노란색과 초록색, 포도와 가지의 보라색까지 식물들의 다양한 색깔도 모두 식물 영양소이다. 마늘, 양파와 고수, 바질과 같은 각종 허브가 가진 향 또한 식물 영양소의 일종이다.

이러한 식물 영양소는 식물이 생존하는 데 필요한 것들이지만 우리가 채소와 과일을 먹으면 이런 좋은 성분들이 우리 몸에서도 작용한다. 식물이 가진 힘과 지혜를 우리도 나눠 갖는 것이다.

이번에는 '바다의 채소' 해조류를 떠올려보자. 해조류는 바닷속에서 자라 육지에서 자라는 식물처럼 햇빛을 많이 받기 어렵다. 햇빛이 부족하면 당연히 식물이 자라기 힘들기 때문에 해조류들은 이런 어려움을 이겨내는 방법을 터득했다. 바로 '엽록소'라는 녹색 색소를 많이 가지는 것이다. 실제로 해조류는 육지 식물보다 훨씬 더 많은 엽록소를 갖고 있고, 그 엽록소의 핵심은 바로 '마그네슘'이다. 그래서 해조류에는 마그네슘이 풍부하다.

해조류의 고난은 여기서 끝나지 않는다. 소금이 많은 짠 물속에서 사는 것도 쉽지 않은 일이다. 그래서 해조류는 알긴산이라는 점액질로

마그네슘과 칼륨이 풍부한
해조류는 심장병, 근육이나
정신 질환을 예방하고 치료
하는 데 효과가 있다.

몸을 보호하고, 소금에 대응하기 위하여 칼륨을 많이 가지고 있다. 갯
벌에 사는 생물들도 '타우린'이라는 물질로 소금과 싸운다고 한다. 그
래서 염분이 많은 음식에 해조류를 활용하면 좋다. 예를 들어 된장국
이나 김치찌개처럼 맛있지만 짠 음식을 끓일 때, 다시마 육수와 바지
락을 넣으면 불필요한 염분을 배출하는 데 도움이 된다. 이것이 고혈
압에 해조류가 큰 도움이 되는 이유이다. 또한 칼륨이나 마그네슘, 엽
록소가 부족해서 생기는 심장병, 근육이나 정신 질환을 예방하고 치
료하는 데도 효과가 있다.

이렇게 식재료 각각의 치유력을 하나씩 알게 되면 밥상에서 흔히 보
는 채소 반찬이 예사롭게 보이지 않을 것이다. 질병에서 벗어나려면

자연이 가진 힘을 먼저 생각해야 한다. 우리가 매일 먹는 채소, 과일, 곡식이 바로 의사다. 자연의 치유력을 가진 이 의사들을 내 주치의로 삼을 수 있다면 건강이라는 행복의 조건은 내 것이 될 것이다.

재료가 가진 치유의 힘을
극대화시키는 조리법이 있다

음식 재료에 대해 알면 알수록 매일 내가 먹는 음식을 약이라 생각하고 귀히게 여기는 마음이 생기기 마련이다. 그러나 아무리 좋은 재료도 제대로 다루지 않으면 그 효과를 누릴 수 없다.

예를 들어 버섯의 대표 성분인 수용성 베타글루칸은 물에 씻으면 사라져버린다. 버섯을 물에 깨끗하게 씻으면 버섯이 가진 가장 큰 유효 성분은 물과 함께 없어지는 셈이다. 그러니 말린 버섯을 물에 불려서 사용할 때도 불린 물을 버리지 말고 사용하는 게 좋다.

미나리는 보통 더러운 습지에서 자라면서 그 물을 정화한다. 오염된 물을 깨끗하게 만들면서 살아가는 것이다. 그런데 소금물에 살짝 데치면 미나리의 이런 정화 능력이 더 강해진다. 막힌 곳을 뚫어주는 효과가 좋아지는 것이다.

수박의 빨간 과육에는 '라이코펜'과 '베타카로틴'이 풍부하다. 이 둘은 강력한 항산화 물질로 잘 알려져 있다. 노화를 막고 각종 질병을 예방하는 데 도움을 준다는 얘기다. 특히 라이코펜은 전립선암이나 유방암 예방에 좋다.

수박에는 칼륨도 아주 풍부하다. 앞에서도 언급했지만, 칼륨은 나트륨을 배출시키는 역할을 하기 때문에 혈압 관리에 아주 좋다. 또한 이뇨작용도 하기 때문에 몸에 쌓인 독소를 배출하는 데도 큰 도움이 된다. 그래서 수박은 신장이 안 좋은 사람들에게 자주 처방된다.

그런데 이 수박을 좀 더 지혜롭게 먹는 방법이 있다. 간장이나 소금과 함께 먹는 것이다. 이렇게 먹으면 신장에 주는 부담이 덜하다. 그리고

버섯의 대표 성분인 수용성 베타 글루칸은 물에 씻으면 사라져버 린다.

생채소보다는 삶은 채소,
삶은 채소보다는 삶고 갈아
만든 채소의 체내 흡수율이
높다.

수박의 라이코펜을 잘 흡수하려면 생으로 먹는 것보다 익혀 먹는 게
좋다.

천연 항암제라고 불리는 마늘의 효과를 높이는 방법도 살펴보자. 마
늘을 다룰 때는 알리신의 효과를 잘 이용하는 게 중요하다. 마늘을 자

르거나 으깨서 잠시 두었다가 조리하면 알리신 함량이 높아진다. 또한 100도 이하에서 1~2분 정도만 익히는 게 알리신의 파괴를 막을 수 있는 가장 좋은 조리법이다.

비트를 조리할 때는 데쳐서 물은 버리고 사용하는 게 좋다. 데치면 수산염이 물로 빠져나와 함량이 줄어들기 때문이다. 또한 생으로 먹으면 아린 맛이 나고 소화 흡수가 잘 안 되기 때문에 익혀 먹는 게 좋다.

이번엔 부추를 제대로 먹는 방법을 알아보자. 부추 특유의 향은 알리신 성분 때문에 나는데, 이 알리신은 당질 대사에 필수적인 비타민 B1의 흡수를 도와줄 뿐만 아니라 효과를 오래 지속시켜주기까지 한다. 그런데 알리신은 부추 밑동에 모여 있다. 부추를 손질할 때 밑동을 잘라버린다면 알리신까지 같이 잘라버리는 꼴이다.

일반적으로 채소나 과일은 먹는 방법에 따라 유효성분의 흡수율이 달라진다. 주스 하면 채소나 과일을 생으로 갈아서 마시는 것이라고 생각하지만 생채소보다는 삶은 채소, 삶은 채소보다는 삶고 갈아서 만든 채소주스의 식물영양소 흡수율이 높아져 항산화작용이 커진다. 이렇게 재료별로 조금만 더 신경 써서 조리하면, 음식 재료가 가진 자연의 힘을 최대한 이용할 수 있다. 우리가 음식 재료에 대해 제대로 공부해야 하는 이유 중 하나이다.

장이 건강하지 않으면
좋은 음식을 먹어도 소용없다

좋은 재료를 가지고 효과를 극대화시킬 수 있는 방법으로 요리해서 먹는다고 해도 장이 건강하지 않으면 아무 소용없다. 우리가 먹은 음식은 장에서 흡수되기 때문이다. 또한 몸속 면역 세포의 70% 이상이 장 점막에서 활동하고 있다. 우리 몸의 면역력이 장에 달려 있는 것이다. 그래서 몸에 이상이 생겼다면, 먼저 장을 건강하게 만드는 것이 중요하다.

장은 무엇을 하는 기관일까? 장은 소장과 대장으로 나뉘는데, 소장은 음식을 완전히 소화시켜서 좋은 영양분들을 흡수하는 기관이다. 그리고 대장은 소장에서 처리하고 남은 찌꺼기들에서 수분을 흡수하고 나머지는 대변으로 만드는 곳이다.

대장은 소장보다 굵고 길이가 1.5m나 된다. 대장에는 인체 내 대부분의 미생물이 군락을 이루며 살고 있다.

우리 몸은 무려 60조 개의 세포로 이루어져 있는데 놀랍게도 몸속에 사는 미생물은 그보다 훨씬 더 많아 100조 개가 넘는다. 그야말로 우리 몸은 미생물들의 아파트인 셈이다.

이 미생물들은 우리 몸에 공짜로 살고 있는 게 아니다. 대장의 미생물은 소장에서 흡수하지 못한 영양분을 분해하고 흡수해서 비타민 B와 비타민 K뿐만 아니라 면역기능에 중요한 작용을 하는 단쇄지방산과 같은 영양소를 만들어준다. 그리고 남은 찌꺼기들은 대변으로 만들어 몸 밖으로 내보낸다. 또한 음식물과 함께 들어온 유해균들의 증식을 막아주며 면역체계를 조절하고 지원하는 역할도 한다.

유익한 미생물들은 정말 똑똑해서 우리 몸에 침입한 세균이나 바이러스 같은 놈들을 척척 잡아낸다. 코나 목, 장 같은 곳에 진을 치고 앉아서 유해균들이 자리잡지 못하게 싸우는 것이다. 마치 천연 항생제처럼 말이다. 항생제가 유익균, 유해균 가리지 않고 모두 없애버리는 것과는 대조적이다. 그래서 이 작은 생명체들과 친해지는 것이 건강한 삶의 비결이자 음식 치유의 핵심이라고 해도 과언이 아니다.

장은 단순히 음식을 처리하는 일만 하는 것은 아니다. 장에는 무려 5천만 개에서 1억 개에 이르는 신경세포들이 있다. 우리 척수에 있는 신경

세포의 수와 비슷하다고 한다. 그래서 장을 '제2의 뇌'라고도 부른다.

흥미로운 사실은 장이 우리 감정에도 영향을 준다는 점이다. 우리 몸에 있는 세로토닌의 95%가 장에 저장되어 있는데 이 세로토닌은 장을 수축하는 역할뿐만 아니라 기분을 조절하는 역할도 한다. 그래서 장에 문제가 생기면 세로토닌의 분비가 줄어들어서 우울해지거나 불안해질 수 있다.

신기하게도 장은 불편한 음식이 들어오면 불편한 감정을 뇌로 전달한다. '배가 부르다.', '이 음식은 이상하다.' 등의 감정을 표현하는 것이다. 그래서 기분이 좋지 않은 날이 변비가 있는 날과 묘하게 일치하곤 한다. 반대로 아침에 시원하게 화장실에 다녀오면 그날 하루 기분이 정말 상쾌하다.

이런 뇌와 장의 상호작용은 미생물들이 장내 면역세포, 신경세포와 긴밀한 상호작용을 하며 이루어진다. 그런데 이렇게 많은 역할을 해내고 있는 장내 미생물들은 사실 엄마의 선물이다. 아기들은 엄마 배속에 있을 때는 무균 상태이다. 세상 밖으로 나오는 그 순간, 엄마의 몸에 사는 미생물들이 산도에 모여있다가 출산과 함께 아기에게 전해지는 것이다. 이 미생물들은 아기의 몸 속에 들어가 평생 함께할 친구가 된다.

만약 제왕절개로 아기를 낳게 되면 어떻게 될까? 안타깝게도 이 경우엔 의사나 간호사의 손, 분만실 환경에 있던 미생물들이 아기에게 먼저 전해진다. 그래서 엄마의 좋은 미생물들이 자리 잡기가 어려워진다.

하지만 모유 수유를 하게 되면 엄마의 젖을 통해 미생물들이 아기에게 전달된다. 건강에 좋은 미생물 친구들을 다시 불러올 수 있는 기회인 셈이다.

그래서 한국인의 장에는 한국인에게 맞는 특별한 미생물들이 산다.

우리 조상 대대로 함께해온 미생물들은 나물이나 채소, 곡물 등을 먹이로 삼는 미생물이다. 따라서 한국인에게는 우유를 배양한 미생물로 만든 프로바이오틱스 제품보다는 식이섬유가 풍부한 음식과 김치, 된장, 청국장 같은 발효음식이 더 유익하다.

착한 미생물, 즉 유익균이 내 장에 잘 살려면 어떻게 해야 할까? 첫째, 일단 장 환경이 따뜻해야 한다. 따라서 청국장, 생강같이 장을 따뜻하게 하는 음식을 가까이하고, 커피나 밀가루, 설탕 같이 장을 차갑게

한국인에게는 우유를 배지로 사용하여 배양한 미생물로 만든 프로바이오틱스 제품보다 김치, 된장, 청국장 같은 음식이 더 유익하다.

프로바이오틱스를 먹을 때 프리바이오
틱스가 풍부한 채소, 과일, 해조류, 곡물
을 같이 먹는 게 효과적이다.

만드는 음식은 피하는 게 좋다. 과식도 장을 차갑게 만드니 주의해야
한다. 둘째, 미생물들도 잘 먹여줘야 일을 더 잘한다. 이때 필요한 게
바로 '프리바이오틱스'이다. 해조류, 채소, 과일, 곡물에 많은 식이섬
유나 미생물 사체가 대표적인 프리바이오틱스이다. 그래서 프로바이
오틱스와 함께 먹으면 시너지 효과가 있다.

관련해서 또 한 가지 알아두어야 할 용어로는 미생물들이 내놓는 유
효성분인 '바이오제닉스(유산균 생성물)'가 있다. 장내 미생물에 의해
서 생성된 인체에 유익한 물질들은 비타민, 유기산, 폴리페놀 등의 생
성에 영향을 주기도 하고 플라보노이드와 안토시아닌 등의 활용에도
영향을 주어 대사와 흡수에 긍정적인 영향을 미쳐서 면역력을 높이

는 데 도움이 된다.

세포를 살리는 음식

우리 몸은 60조 개의 세포로 이루어졌으며 1초에 100만 개의 세포가
생멸한다고 한다. 매일 새롭고 건강한 세포가 태어날 수 있도록 돕는
음식을 섭취하는 것은 건강을 지키는 방법의 핵심이다. 세포가 건강
하면 자연 치유력이 회복되어 우리 몸이 건강해지기 때문이다.

먼저 세포가 무엇인지부터 알아보자. 일난 세포 수변을 살펴보면 세
포 외부에는 '세포외액'이라는 물이 있다. 마치 물고기가 바닷물에 둘
러싸여 사는 것처럼, 우리 세포도 이 물에 잠겨 살고 있는 것이다. 그
런데 더 놀라운 건, 이 세포외액 성분의 미네랄 조성이 바닷물이나 엄
마 뱃속 양수와 똑같다는 사실이다.

오래 전부터 천일염으로 동치미나 물김치를 담가 먹은 것을 보면 우
리 조상들은 이미 이 사실을 알고 있었던 것 같다. 물김치 국물의 미
네랄 조성이 우리 몸속 환경과 아주 비슷해서 세포에게 딱 좋기 때문
이다.

생각해보자. 민물고기가 갑자기 바닷물에 놓이면 어떻게 될까? 반대
로 바닷고기를 민물에 풀어놓으면 어떻게 될까? 물이 바뀌면 이 물
고기들은 살 수가 없다. 물속 생물에게 물의 성분은 그만큼 중요하다.
조금만 달라져도 생명이 위험해질 수 있는 것이다. 우리 세포도 마찬
가지다.

게다가 우리 몸의 70%는 물로 이루어져 있다. 이 물이 우리 몸의 온
도를 36.5도로 일정하게 유지하는 데 정말 중요한 역할을 한다.

요즘은 짜게 먹는 게 나쁘다고 해서 소금을 너무 적게 먹는 경향이 있

물김치 국물의 미네랄 조성은 우리 몸속 환경과 아주 비슷해 세포가 편하게 숨쉴 수 있는 환경을 만들어준다.

다. 심지어 아예 안 먹는 사람도 있다고 한다. 그런데 우리 몸에는 적당한 소금기가 필요하다. 이 소금이 우리 몸의 균형을 잡고, 병이나 스트레스에 맞서는 힘이 된다.

위급한 상황에 병원에 가면 제일 먼저 무엇을 줄까? 바로 링거액이다. 링거액의 조성이 사실 바닷물과 비슷하다. 우리 세포가 편하게 숨 쉬려면 이런 환경이 필요한 것이다. 바닷물고기에게 바닷물이 생명인 것처럼 말이다.

따라서 물김치 국물이나 해양심층수 등을 자주 마시는 게 좋다. 우리 몸속의 체액은 우리가 먹는 음식과 물의 양에 따라 결정되기 때문이다.

다음으로 세포막을 살펴보자. 세포막은 마치 세포의 울타리 같은 것이다. 세포 안팎을 구분 짓고, 필요한 영양소나 호르몬은 안으로 들이고, 해로운 세균이나 독소는 막아내는 역할을 한다.

이 세포막의 생김새를 살펴보면 좀 특이하다. 인산기라는 물친화적인 부분과 지방산이라는 물을 싫어하는 부분이 합쳐져 있다. 이 지방산 층 덕분에 세포 안팎의 물이 서로 섞이지 않고 구분될 수 있는 것이다. 하지만 세포막이 식물의 단단한 세포벽처럼 뻣뻣하진 않다. 영양분을 주고받으려면 어느 정도 유동성이 필요하기 때문이다.

문제는 포화지방산이 많으면 세포막이 딱딱해지고 물질 교환이 잘 이루어지지 않는다는 점이다. 반대로 불포화지방산이 지나치게 많으면 막이 너무 물러져서 터질 수 있다.

그래서 우리는 포화지방산과 불포화지방산을 적절히 섭취해야 한다. 보통 육류에는 포화지방산이, 생선이나 식물에는 모체필수지방산인 불포화지방산이 많다. 그런데 현대인들은 건강한 필수지방산의 섭취가 부족하다. 따라서 등 푸른 생선, 해조류, 들깨, 콩 같은 음식을 잘 챙겨 먹어야 한다. 모체필수지방산을 영양제로 섭취하는 것도 좋다. 또한 계란이나 콩에 많은 레시틴이라는 성분도 세포막 건강에 도움이 된다.

또 하나 주목해야 할 것은 세포막에 붙어 있는 당사슬이다. 마치 감시 안테나처럼 세포 밖의 상황을 감지하는 역할을 하는데, 영양소나 노폐물, 세균, 호르몬 등을 구별할 수 있게 해준다. 외부 물질의 선악을 구분하는 것이다.

중요한 건 이 당사슬을 만드는 데 필요한 8가지 당이 채소, 버섯, 해조류에 많다는 것이다. 고기 위주의 식사는 당사슬이 부족해질 수밖에 없다는 이야기다. 건강한 세포는 10만 개의 당사슬을 가지고 있다는데, 대부분의 사람들 세포에는 3만~4만 개밖에 없다. 이러면 정보를 제대로 감지하지 못하니 병에 걸리기 쉽고, 심하면 암까지 생기게 되는 것이다. 그래서 우리는 채소와 해조류, 버섯 같은 식물성 식품을 더 많이 먹어야 한다.

최근 자가면역질환, 알레르기, 천식 같은 병들이 많아졌다. 전문가들은 그 원인 중 하나로 세포 간 소통의 문제를 꼽고 있다. 실제로 당사슬을 만드는 데 필요한 당영양소를 보충하는 방법으로 치료를 하기도 한다.

우울증, 불면증, 파킨슨병 같은 뇌 질환도 당사슬을 보충하면 도파민, 세로토닌과 같은 신경전달물질과 수용체 간의 결합이 활발해져 증상이 개선될 수 있다고 한다.

자, 그럼 세포 건강에 좋은 대표 요리로는 무엇이 있을까? 바로 물김치(285쪽 참고)이다. 무, 배추, 양파, 사과, 마늘 등 채소가 듬뿍 들어가 세포막의 당사슬을 채워주는 고마운 음식이다. 새우젓, 멸치액젓의 단백질과 미네랄까지 더해지니 세포에게 완벽한 건강식이라고 할 수 있다. 들깨미역국도 추천할 만한 세포 건강 음식이다. 미역은 해조류라 당사슬 재료가 풍부하고, 들깨의 불포화지방은 세포막을 유연하게 만들어준다.

습관이 되어
몸이 변화하는 순간을 경험하라

음식 치료는 꾸준함이 정말 중요하다. 아무리 질병에 좋은 음식을 처방해도, 가끔씩 먹고 만다면 우리 몸은 그걸 약으로 여기지 않는다. 꾸준히 먹어야 몸이 그 음식을 내 것으로 받아들이고 제대로 쓰기 시작하는 것이다. 그렇게 습관이 들고 몸이 변화하는 순간이 바로 음식이 약이 되는 순간이다.

꾸준히 약이 되는 음식을 먹는 것만으로, 오랫동안 고생해오던 건강상의 문제가 좋아진 사례는 무궁무진하다. 적어도 2~3개월 정도 '매일' '꾸준히' 음식 치유를 한다면 반드시 변화를 경험할 수 있을 것이다. 건강은 거저 얻어지는 게 아니다. 내 몸을 위해 매일 해야 할 일을 꾸준히 해야 좋아지고 유지될 수 있다.

내 몸은 내가 책임져야 한다. 그 누구도 대신 책임져 주지 않는다.

음식으로
건강을 되찾은 사람들

이 장에서는 음식 치유의 강력한 힘을 체험한 이들의 이야기를 해보려고 한다. 만성질환이라는 전쟁에서 승리한 이들의 스토리 속에는 몸의 균형이 깨졌을 때 대처하는 현실적인 치유 방법들이 담겨 있다.

"당화혈색소가 낮아졌어요" 당뇨병

박○○ 씨는 50대 후반의 여성이다. 10년 전, 그녀는 당뇨와 고지혈증 진단을 받았다. 처음에는 약을 잘 챙겨 먹으면 괜찮을 거라 생각했다. 하지만 세월이 흐르면서 합병증이 하나씩 찾아왔다.

공복 혈당이 $300mg/dl$까지 치솟았고 당화혈색소는 8.8%에 이르렀다. 수시로 마비가 왔고 등과 발바닥은 벌레가 기어가는 듯 근질거렸다.

그러다 2년 전에는 갑상선암에 걸려 수술까지 받았고 그 후로 시력이 급격히 떨어졌다. 백내장 수술 후 조금은 눈이 밝아졌지만, 이번에는 황반변성이 찾아왔다. 아무리 약을 먹어도 합병증의 습격은 끝이 없었다.

현미나 잡곡처럼 섬유질이 풍부한 음식은
당분이 천천히 흡수되고 서서히 배출된다.

당뇨병은 '창고 열쇠를 잃어버린 상황'이라고 이해하면 쉽다. 창고 열쇠가 없어 물건을 막 쌓아두면 집안이 엉망이 될 것이다. 창고는 바로 세포이다. 그런데 인슐린이라는 열쇠가 없어서 세포 문을 열 수 없게 되면, 글루코스라는 물건들이 핏속에 쌓이게 된다. 점점 혈당이 높아지고 결국 온 몸이 엉망이 되고 만다.

사실 당뇨병은 병이 아니라 우리 몸이 보내는 신호이다. "이봐요, 지금 건강관리 좀 잘못하고 있는 거 아니에요?" 하고 말이다.

그렇다면 당뇨병이 가르쳐주는 건강관리법은 뭘까?

첫째는 적게 먹는 것이다. 창고를 열 수 없으면 들어오는 물건을 줄여야 하듯이 말이다.

둘째는 운동이다. 창고를 사용할 수 없다면 정리정돈을 게을리하면 안 된다. 실제로 운동은 세포가 빠르게 혈당을 소모할 수 있게 한다.

셋째, 기름기 줄이기이다. 혈액순환 장애가 생기지 않도록 해야 하기 때문이다.

넷째, 섬유질 많이 먹기이다. 현미나 잡곡처럼 섬유질이 풍부한 음식은 당분이 천천히 흡수되고 서서히 배출된다.

이것이 당뇨를 관리하는 중요 포인트들이다. 합병증으로 끝없이 시달리고 있는 박○○ 씨에게 필요한 건 이러한 기본적인 당뇨관리법을 지키는 것이었다.

나는 음식처방으로 췌장을 튼튼하게 해주고, 인슐린 생성과 콜라겐 합성을 돕는 바지락 마늘탕과 인슐린 역할을 돕는 백김치 등을 처방하였다.

푸드닥터의 음식 처방

1. 북어포, 무, 당근, 표고, 우엉 끓인 물: 수시로 먹는다.
2. 초콩(쥐눈이콩): 1회 10알씩 생김에 싸서 아침, 저녁으로 식사와 함께 섭취한다.
3. 콩물: 사포닌 섭취를 위해 매일 1잔씩 마신다.
3. 바지락 마늘탕: 자주 먹는다.
3. 백김치: 반찬으로 늘 곁들인다.

처방대로 꾸준히 노력을 이어가던 어느 날, 박○○ 씨는 너무도 기쁜 소식을 들었다. 당화혈색소가 6.2%까지 낮아진 것이다. 소양증은 자취를 감추었고, 온몸에 활력이 넘쳤다. 음식 치료의 효과를 체험한 박○○ 씨는 이제 당뇨와 함께 살아가는 삶이 더 이상 두렵지 않았다.

"갑상선호르몬 수치가 정상으로 돌아왔어요!" 갑상선기능저하증

> 김○○ 씨는 30대 후반의 주부다. 어느 날부터 손발이 차갑고, 무기력함이 좀처럼 가시지 않았다. 거울을 보니 피부는 거칠어지고, 머리숱이 눈에 띄게 줄어들었다.
> 병원을 찾아가 검사를 받아 보니 갑상선기능저하증이라고 했다. 갑상선이 제 역할을 하지 못해 신진대사에 문제가 생긴 것이다. 약처방을 받았지만 약을 먹기 시작한 후 소화불량으로 속이 메스꺼웠고, 심장이 뛰어 불안감이 엄습했다. 약의 부작용이 만만치 않았던 것이다.

우리 몸의 에너지 조절자, 갑상선에 대해 알아보자. 갑상선은 목의 앞쪽, 목젖 바로 아래에 위치한 나비 모양의 작은 장기이다. 이 갑상선에서 분비되는 타이록신(T4)이라는 호르몬이 있는데, 이 호르몬은 몸의 에너지 생산과 소비를 조절하는 중요한 역할을 한다.

우리 몸은 마치 자동차 엔진이나 보일러처럼, 음식물과 공기를 연소시켜 에너지를 만들어낸다. 자동차 엔진에서 연료와 공기의 비율이 적절해야 차가 잘 달리듯이, 갑상선호르몬의 양도 적절해야 우리 몸이 건강하게 잘 작동한다. 하지만 갑상선에서 분비되는 타이록신이 너무 적다면, 우리 몸은 에너지를 제대로 만들지 못해 여러 문제가 생긴다. 이를 갑상선기능저하증이라고 한다.

쉽게 말해, 갑상선은 우리 몸의 에너지를 조절하는 중요한 기관이고, 타이록신 호르몬은 그 에너지 조절을 담당하는 열쇠이다. 이 열쇠가 제대로 작동하지 않으면, 우리 몸도 제대로 기능하지 못하게 되는 것이다.

갑상선기능저하증이 생기면 몸에서 열을 잘 만들어내지 못한다. 마치 보일러가 고장 난 집에 사는 것처럼, 손발이 차갑고 몸은 피곤하고 무기력해지는 것이다. 두뇌도 제대로 돌아가지 않아 집중력도 떨어진다. 게다가 신진대사까지 느려지니 살은 점점 찌고, 콜레스테롤은 높아진다. 피부도 거칠어지고 머리카락이 빠지기도 한다. 눈썹 바깥쪽이 사라지는 사람도 있다. 몸이 점점 침체되어 가는 것이다.

이런 증상이 있다면 체온계로 매일 아침 일정한 시간에 체온을 재보자. 체온으로 갑상선 기능을 짐작해볼 수 있기 때문이다. 보통 36.4~36.7℃가 정상인데, 갑상선 기능이 떨어지면 체온도 같이 내려간다.

그럼 어떻게 하면 좋을까? 병원에 가면 보통 호르몬제를 처방한다. 하지만 함량이 맞지 않으면 부작용이 생길 수도 있으므로 갑상선호르몬의 주원료인 요오드가 풍부한 음식들을 많이 섭취하는 것이 중요하다.

미역, 다시마, 김부터 시작해서 마늘, 양파, 미나리, 생선, 버섯까지. 이런 음식들은 우리 몸의 갑상선 보일러를 다시 돌릴 수 있는 최고의 연료이다.

또한 달걀, 바나나, 아보카도 같은 음식들에는 타이로신이라는 성분이 많은데 이 타이로신도 갑상선호르몬을 만드는 데 꼭 필요하다.

이 밖에도 원활한 신진 대사를 촉진시키기 위하여 천연 종합비타민 등을 꾸준히 섭취하면 좋은 효과를 볼 수 있다.

푸드닥터의 음식 처방

1. 미역, 다시마, 김, 양파, 마늘, 미나리, 버섯, 사과, 당근: 수시로 먹는다.

2. 계란, 바나나, 아보카도: 타이로신이 풍부하므로 자주 먹는다.

3. 천일염: 요오드, 마그네슘, 칼륨, 철분, 아연 등과 같은 천연미네랄이 풍부하다.

4. 과채수프: 사과, 바나나, 당근, 양파, 마늘, 표고로 만든 수프를 먹는다.

※ 갑상선호르몬은 요오드를 필요로 하지만, 너무 많은 요오드는 오히려 갑상선 기능에 문제를 일으킬 수 있으므로 자신의 상태에 맞게 섭취량을 조절하는 것이 중요하다.

김○○ 씨는 음식처방을 받고 보니, '갑상선이 내게 좋은 음식을 달라고 외치고 있구나.' 하는 생각이 들었다. 그날부터 미역, 다시마, 김부터 양파, 마늘, 버섯까지 갑상선을 강화하는 요오드가 풍부한 식재료들이 포함되도록 밥상을 차렸다. 매끼 식탁에는 신선한 과일과 채소들도 듬뿍 올랐다.

그렇게 두 달 가량 꾸준히 건강 식단을 이어간 어느 날, 김○○ 씨는 감격스러운 변화를 맞이했다. 아침에 눈을 떴을 때, 손발이 따뜻해진 것이 느껴졌다. 거울 속 얼굴에도 생기가 돌기 시작했다. 병원 검사 결과는 더욱 놀라웠다. 갑상선호르몬 수치가 정상으로 다가가고 있었던 것이다. 약의 용량을 줄여도 좋다고 하는 의사의 말을 듣고 김○○ 씨는 기쁨을 감추지 못했다.

"갑상선 수술을
받지 않아도 될 만큼 좋아졌어요!" 갑상선기능항진증

윤○○ 씨는 50대 초반의 여성이다. 남편이 모 부대의 부대장으로 근무 중이어서, 부대 내 관사에서 생활하고 있었다. 자유롭지 못한 여러 가지 생활 여건에 적응하는 게 쉽지 않았지만 어디 하소연할 데도 없었다.

그런데 어느 날부터 윤○○ 씨에게 이상 증상이 나타나기 시작했다. 몸에서 땀이 비 오듯 쏟아졌다. 게다가 심장은 마치 달리기라도 하는 양 쿵쾅거려 한없이 불안하고 초조했다. 병원을 찾아가 검사를 받아보니, 갑상선기능항진증이라고 했다. 호르몬 분비에 이상이 생긴 것이다.

의사는 수술을 하는 것이 좋겠다고 했다. 하지만 수술 대기 환자가 너무 많아 예약까지 무려 8개월이나 기다려야 했다. '매일 이런 상태로 8개월을 어떻게 버티지?' 윤○○ 씨는 망연자실했다.

갑상선기능항진증은 왜 생기는 걸까? 주범은 바로 우리 마음속에 있다. 스트레스, 불규칙한 생활, 환경오염, 나쁜 식습관 같은 것들이 호르몬의 균형을 깨트리면서 갑상선을 혼란에 빠뜨리는 것이다.

윤○○ 씨의 얘기를 곰곰이 들어보면, 병의 원인이 관사 생활의 스트레스에서 온 게 분명해 보였다. 환경의 변화를 겪으면서 마음의 짐이 쌓이면, 우리 몸도 균형을 잃게 된다. 이럴 때는 스트레스 해소를 치료의 첫걸음으로 삼아야 한다.

물론 음식으로도 큰 도움을 받을 수 있다. 콩과 연자육 등 씨앗류, 십자화과 채소들(양배추, 브로콜리, 케일 등)은 갑상선호르몬의 밸런스를 맞추는 데 일등공신이다.

> **푸드닥터의 음식 처방**
>
> ---
>
> *1.* 두유, 연자육 등 씨앗류
>
> *2.* 양배추, 브로콜리, 케일, 겨자잎, 배추, 복숭아 등 십자화과채소
>
> *3.* 콩나물, 숙주나물
>
> *4.* 보리새싹

윤○○ 씨는 생활 습관을 바꾸기 시작했다. 매일 새벽, 부대 내 산책로를 걸으며 맑은 공기를 마셨다. 아침마다 두유 한 잔을 마셨고, 점심마다 콩나물이나 숙주나물 무침을 곁들이는 등 갑상선호르몬을 정상화시키는 채소들로 밥상을 채웠다.

그렇게 꾸준히 노력을 이어가던 어느 날, 윤○○ 씨는 병원을 다시 찾았다. 놀랍게도 갑상선호르몬 수치가 거의 정상으로 돌아와있었다. 윤○○ 씨의 삶은 그렇게 변화를 맞이했다. 달라진 건 갑상선호르몬만이 아니었다. 마음가짐 자체가 평온해졌다. 덕분에 부대 생활도 편해졌고, 남편과의 관계도 돈독해졌다.

"알레르기와 루프스를 이기고 건강한 삶을 되찾았어요" 알레르기와 자가면역질환

미국에 거주하는 65세의 김○○ 씨에게 삶의 질을 떨어뜨리

는 큰 문제가 생겼다. 심한 피부 가려움증과 함께 긁은 자국이 오래 남는 피부묘기증이 나타난 것이다.

처음에는 단순한 피부 트러블이라고 생각했다. 하지만 점점 증상이 악화되면서 이명까지 생기자 병원을 찾았다. 검사 결과는 충격적이었다. 의사는 자가면역질환인 루프스병이라는 진단을 내렸고, 글루텐 알레르기도 함께 발견되었다.

그제야 그간 반복되던 증상들이 떠올랐다. 치주염과 방광염이 자주 재발했고, 얼굴에 여드름 같은 피부염이 반복해서 생긴 이유가 따로 있었던 것이다. 깊은 잠을 자지 못하는 것도 이제야 이해가 갔다. 채소를 즐겨 먹고 무염식에 가까운 저염식으로 먹는 등 건강관리에 각별히 신경써왔던 김○○ 씨는 억울한 마음이 들었다.

우리 몸은 마치 정교한 시계와 같다. 모든 부품이 조화롭게 작동할 때 건강을 유지할 수 있다. 하지만 어느 한 부분이라도 문제가 생기면, 그 영향은 전체로 퍼져나간다. 김○○ 씨의 경우도 이러한 시계처럼 면역 체계의 균형이 무너지면서 여러 증상이 동시에 나타난 것이다.

알레르기와 자가면역질환은 마치 경비원이 과잉반응을 하는 것과 같다. 해를 끼치지 않는 물질에도 과도하게 반응하거나, 심지어는 자기 몸의 정상 세포를 공격하기도 한다. 이는 우리 몸의 방어 체계가 혼란에 빠졌다는 신호다.

스트레스, 잘못된 식습관, 환경 오염 등으로 인해 우리 몸의 기본적인 균형이 깨지면 여러 증상이 나타나게 된다. 그래서 치료할 때는 단순히 증상만 억제하는 것이 아니라, 몸 전체의 균형을 되찾는 데 초점을 맞춰야 한다.

김○○ 씨는 40년 넘게 직장생활을 하며 완벽주의로 인해 과로, 스트

단호박 행복수프는 장점막을 복구하고 장기능을 회복시켜준다.

레스에 시달렸다. 그 결과 부신기능과 장기능이 약해져 반복되는 염증과 변비에 시달리고 있었던 것이다. 치즈, 생선, 닭가슴살, 새우, 계란 등을 부지런히 섭취했지만, 동물성 단백질의 소화를 돕는 소금을 거의 섭취하지 않은 것도 문제였다.

나는 김○○ 씨에게 면역력 강화와 염증 완화에 좋은 식품들을 처방했다. 소화를 돕고 장 건강을 개선하는 식초와 소금, 부신 기능을 강화하는 죽염과 비타민 C, 그리고 숙면을 돕는 바나나 타락죽 등이다. 특히 단호박 행복수프는 장 기능 강화에 탁월한 효과가 있어 면역력 개선에 큰 도움이 된다.

푸드닥터의 음식 처방

1. 식초, 소금: 동물성 단백질 소화를 개선한다.
2. 죽염, 식초, 비타민 C, 보리새싹+미강효소: 부신 기능을 강화한다.
3. 바나나 타락죽: 숙면을 돕는다.
4. 단호박 행복수프(181쪽 참고):장 기능을 개선한다.

김○○ 씨는 처방받은 식단을 열심히 실천했다. 아침은 늘 행복수프로 시작했고, 식사 때마다 죽염과 식초를 조금씩 곁들였다. 비타민 C도 꾸준히 섭취했다.

생활 습관도 개선했다. 스트레스 관리를 위해 매일 15분의 명상을 했고, 가벼운 산책으로 하루를 마무리했다. 저녁에 따뜻한 바나나 타락죽 한 그릇을 먹으면 쉽게 잠이 들곤 했다.

이렇게 식단과 생활 습관을 바꾼 지 3개월 만에 변화가 일어났다. 피부 가려움증이 눈에 띄게 줄었고, 이명 증상도 완화되었다. 무엇보다 깊은 잠을 잘 수 있게 되어 전반적인 컨디션이 좋아졌다. 방광염과 치주염의 재발도 줄어들었다. 김○○ 씨는 요즘도 어제보다 더 나아진 자신을 발견하는 중이다.

"탈모와 전립선비대증이 모두 좋아졌어요" 탈모증과 전립선비대증

50대 중반의 회사원 박○○ 씨는 최근 들어 고민거리가 하나 늘었다. 거울을 볼 때마다 넓게 드러난 이마가 거슬렸기 때문이다. 머리카락이 가늘어지고 숱이 현저히 줄어든 것이다.

처음에는 업무 스트레스 때문이려니 했다. 하지만 세월의 흔적이라고 하기엔 동갑내기 친구들에 비해 너무 빠른 속도였다. 무언가 석연치 않은 마음에 병원을 찾았다.

검사 결과는 뜻밖이었다. 의사는 탈모와 함께 전립선비대증 초기 증상도 있다고 했다. 탈모가 알고 보니 전립선 문제의 신호였던 것이다. 그제야 그간 무시했던 증상들이 떠올랐다. 소변을 볼 때마다 뭔가 시원치 않았고, 잔뇨감도 있었다.

우리 몸은 마치 높은 산에서 시작된 강물과 같다. 젊었을 때는 경사가 급하고 물살이 빨라서 V자 계곡을 만들듯, 우리 몸의 혈액도 빠르게 흐른다. 하지만 나이가 들면서 강물이 느려지는 것처럼, 우리 몸의 혈액 순환도 점점 느려진다. 이렇게 혈액 순환이 점점 안 좋아지면 우리 몸에는 여러 가지 변화가 생긴다. 그리고 이런 변화를 방치하면 치매, 고혈압, 탈모, 전립선 질환 등으로 이어질 수 있다. 겉으로 보기에는 이 질병들이 서로 전혀 상관없을 것 같지만 사실 모두 혈액 순환 문제라는 같은 뿌리를 가지고 있기 때문이다.

치매와 탈모는 마치 강 상류에 물이 마르는 것과 같다. 머리까지 혈액이 잘 도달하지 못하니 머리카락이 자라지 않고, 머리가 멍해지는 것이다.

고혈압은 강줄기에 물이 잘 흐르지 않는 것과 비슷하다. 혈관이 좁아지고 딱딱해져서 피가 원활히 흐르지 못하니 말이다. 그리고 전립선비대는 강 하구의 삼각주처럼, 노폐물이 쌓여서 부어오르는 것이다. 실제로 전립선 질환 약이 탈모 치료제로 개발되기도 하고, 고혈압 약이 발모제로 쓰이기도 한다. 이것만 봐도 이 질병들이 서로 연결되어 있다는 걸 알 수 있다.

한의학에서는 이런 질병의 원인을 체내의 영양 불균형이나 스트레스로 인한 기혈 순환 장애로 본다. 마치 토양에 영양분이 부족해 나무가 시들 듯, 우리 몸에 기운이 고갈되면 탈모나 전립선 질환이 생긴다는 것이다. 그래서 치료할 때는 머리로 몰린 열을 식히고, 기혈 순환을 도와주는 한약재를 쓴다.

나는 박○○ 씨에게 혈관 건강과 면역력을 높이는 데 좋은 맥주효모, 혈관건강면역수, 과채수프, 검은콩물을 처방했다. 맥주효모에는 비타민 B가 풍부해서 탈모 예방에 효과적이고, 과일과 채소로 만든 수프

검은콩은 여성호르몬과 비슷한 역할을 해서 전립선 건강에 좋다.

는 항산화 작용으로 노화를 막아준다. 검은콩의 이소플라본은 여성 호르몬과 비슷한 역할을 해서 전립선 건강에 좋다.

푸드닥터의 음식 처방

1. 맥주효모: 탈모예방에 효과적이다.

2. 혈관건강파동주스(155쪽 참고): 혈관 건강에 좋으며 면역력을 높여준다.

3. 과채환원주스(177쪽 참고): 항산화작용으로 노화를 막아준다. 토마토 용량을 2배로 늘린다.

4. 검은콩물(다시마물로 끓임) + 호두: 전립선 건강에 좋다.

박○○ 씨는 열심히 식단관리를 시작했다. 아침엔 호두를 갈아 넣은 검은콩 미숫가루를 챙겼다. 토마토를 듬뿍 넣은 과채환원주스와 혈관건강파동주스도 매일 빠지지 않고 먹었다.

생활습관도 완전히 바꾸었다. 퇴근 후엔 반드시 1시간 이상 걷기 운동을 했다. 술자리도 되도록 피했고 흡연은 완전히 끊었다. 무엇보다 스트레스 관리에 힘썼다. 명상으로 마음을 다스렸고, 가족들과 대화의 시간을 늘렸다.

이렇게 식단과 생활습관을 바꾼 지 두 달 만에 많은 변화가 생겼다. 아침에 일어날 때 몸이 한결 가뿐했다. 소변 보는 것도 많이 시원해졌고 무엇보다 거울 속 모습이 달라졌다. 얼굴이 맑아지고 머리숱도 늘어나며 머리카락에 윤기가 나기 시작한 것이다.

"근위축증이 좋아졌어요" 근위축증

30대 초반의 열정 넘치는 청년, 박○○ 씨는 영국에서 유학 생활을 하며 꿈을 향해 매진하던 중, 뜻하지 않은 불청객을 맞이하게 되었다. 언제부터인가 하체를 중심으로 근육이 점점 약해져 갔다. 그러다 걷기조차 힘에 부치게 된 것이다. 온몸이 쑤시고 피로감이 떨어질 줄 몰랐다. 결국 넘치던 의욕은 사라졌고 우울감만 깊어졌다. 꿈 같던 시간이 악몽으로 변해버린 것이다. 결국 박○○ 씨는 유학 생활을 접게 되었다.

귀국해서도 희망은 보이지 않았다. 병원 치료에 매달렸지만 좀처럼 호전되지 않았고 오히려 악화되는 듯한 기분마저 들었다. 좀 더 근본적인 치료가 필요했다.

박○○ 씨의 문제는 생활 습관이었다. 박○○ 씨는 목표를 향한 추진력이 강하고 에너지가 넘치는 성격으로, 유학 시절 밤새 책상에 앉아 공부하곤 했다. 과로도 과로지만 장시간 같은 자세로 있으면 혈액순환이 잘 되지 않을 수밖에 없다. 여기에 빵, 고기 위주의 영국식 식단으로 신장과 대장에 무리가 오게 된 것이었다.

이런 경우 무엇보다 식단과 생활습관을 완전히 바꾸는 것이 중요하다. 박○○ 씨에게 필요한 것은 신선한 채소 및 해조류 위주의 식단과 규칙적인 운동, 그리고 식사량 줄이기였다.

푸드닥터의 음식 처방

1. 햇살 담은 링거물김치(297쪽 참고): 채소의 유효 성분을 가장 효과적으로 흡수할 수 있다. 식이섬유가 풍부하고 다시마가 추가되어 위장점막을 보호한다.
2. 청국장 미역무침(309쪽 참고): 장 점막을 회복시키는 요리이다.
3. 민들레, 무청, 보리 새싹, 미숫가루(보리 3 : 콩 1) 효소: 생리 활성 물질과 엽록소가 많이 들어 있는 재료들을 효소로 만들어 수시로 섭취한다.

*1일 2식

박○○ 씨는 식단을 모조리 바꾸려니, 처음엔 힘들어했다. 육류와 기름진 음식이 그리웠던 것이다. 하지만 건강한 삶을 하루라도 빨리 되찾고 싶어 꾸준히 노력했고, 식단에 점차 적응하기 시작했다. 식사량도 줄이고 걷기 운동도 시작했다.

한 달쯤 지났을까. 어느 날 거울을 보다 그는 깜짝 놀랐다. 핼쑥했던 얼굴에 혈색이 돌기 시작한 것이다. 몸도 가뿐했다. 근육통은 줄어들었고, 피로감도 눈에 띄게 나아졌다. 잃어버렸던 의욕도 되살아나는 느낌이었다.

병원 검사 결과는 더욱 고무적이었다. 근육 감소 속도가 현저히 둔화된 것이다. 욕심을 버리고 몸의 신호에 귀 기울이는 이 치유의 시간 동안 박○○ 씨는 인생의 새로운 의미를 깨닫게 되었다.

"검사 결과가 좋아
조혈모이식수술을 하지 않아도 된대요!" 골수이형성증후군

25살의 한창 젊은 나이였던 김○○ 씨는 대학생활과 아르바이트, 친구들과의 만남 등으로 바쁜 나날을 보내고 있었다. 그런데 어느 날부터 이상 징후가 나타나기 시작했다. 무엇보다 숨쉬기가 갑자기 힘들어졌다. 운동을 하지 않았는데도 피로감이 누적되었고 땅이 흔들리는 듯한 현기증에 머리가 아팠다. 피부에는 멍이 들기 일쑤였다.

처음에는 그냥 스쳐 지나가는 증상이라고 생각했다. 바쁜 일상에 지쳐서 그런 거겠지 하고 말이다. 하지만 증상이 호전되기는커녕 점점 더 심해졌다. 고민 끝에 대학병원에서 정밀검사를 받았다. 검사결과를 듣는 날, 의사의 표정이 심상치 않았다. 아니나 다를까 골수이형성증후군이라는 청천벽력 같은 이야기를 들었다. 말초 혈액에 혈액세포가 부족해져 빈혈, 감염, 출혈 등을 일으키며 10~40% 정도의 환자는 급성 백혈병으로 이어지는 무서운 병이었다.

김○○ 씨는 절망에 빠졌다. 수혈도 받고 병원에서 처방해준 약을 먹으며 학업과 일상을 이어갔지만 몸은 좀처럼 나아지지 않았다. 오히려 합병증이 하나둘 늘어만 갔다. 폐에 물이 차기 시작했고, 부종도 생겼다. 다행히 누나와 유전자가 60% 일치해서 조혈모이식수술을 하기로 한 상황이었다.

이럴 때 우리는 근본적인 생명의 원리로 돌아가봐야 한다. 태양은 우리 생명 활동의 근원이다. 그래서 햇볕을 쬐면 체온이 올라가고 신진대사가 활발해지며 기분도 좋아진다. 그래서 아플 때일수록 태양을 많이 먹어야 한다.

그럼 어떻게 태양을 한껏 먹을 수 있을까? 두 가지 방법이 있다.

첫째는 당연히 일광욕이다. 햇볕을 쬐면 태양의 포근함과 빛, 에너지를 느낄 수 있다. 이렇게 받아들인 태양 에너지는 '생기'를 만들어낸다. 태양이 우리 피부에 닿으면, 태양을 맞이하기 위해 온몸이 반응한다. 마치 손님을 맞이할 때 온 가족이 집을 청소하고, 보일러를 틀어 집안을 따뜻하게 하고, 맛있는 음식도 준비하는 것처럼 말이다. 이런 때는 온 집안이 활기로 가득하다.

우리 몸도 태양을 받으면 이렇게 손님맞이 준비를 한다. 먼저 피부 속 콜레스테롤이 태양을 감지하고, 간이랑 신장에 이 소식을 알린다. 그러면 우리 몸이 활발하게 움직일 수 있도록 장기들이 활성화되기 시작한다. 특히 부신이 힘을 내서 장과 갑상선을 자극한다. 그러면 영양소 흡수와 체온 유지가 잘 되도록 우리 몸이 열심히 일하게 된다. 이게 바로 태양이 우리 몸에 생명의 기운을 불어넣는 과정이다.

태양을 먹는 두 번째 방법은 뭘까? 바로 채소를 먹는 것이다. 햇빛을 많이 받은 채소 속에는 엽록소라는 물질이 가득하다. 채소가 햇빛을 저장해둔 것이다. 그래서 엽록소가 풍부한 채소를 먹으면 전환된 태양 에너지를 얻을 수 있다.

엽록소는 우리 혈액의 헤모글로빈과 구조가 매우 유사하다. 엽록소에서 유래된 철분은 조직에 산소를 공급하고, 엽록소의 마그네슘은 에너지 대사와 근육 이완에 중요한 역할을 한다.

이렇게 태양은 햇빛과 채소로 우리 몸에 생기를 불어넣어 주고, 건강한 피를 만들어주며, 세포를 튼튼하게 해준다. 마치 우리 몸의 건전지 같은 존재라고 할 수 있다.

그런데 엽록소는 물에 끓이거나 위산을 만나면 쉽게 분해된다. 그래서 생채소나 녹즙으로 먹어도 우리 몸이 엽록소를 흡수하는 양은

엽록소에서 유래된 철분은 조직에 산소를 공급하고, 엽록소의 마그네슘은 에너지 대사와 근육
이완에 중요한 역할을 한다.

30% 정도밖에 안 된다고 하니 좀 아쉽다. 그런데 이것을 해결할 수 있는 방법이 있다. 바로 소금이다. 간장이나 된장처럼 소금이 들어있는 양념을 채소와 함께 먹으면 엽록소의 흡수율이 훨씬 좋아진다. 채소를 소금물에 살짝 데치거나 간장, 된장 소스를 뿌려 먹으면 태양 에너지를 듬뿍 흡수할 수 있다는 이야기다. 채소가 태양 빛을 받아 저장한 엽록소가 소금 덕분에 우리 몸에 잘 흡수되어 건강한 피로 바뀌는 것이다. 여기서 우리는 김○○ 씨에게 가장 필요한 것이 태양 빛과 채소임을 알 수 있다.

김○○ 씨의 치유를 위해서는 혈액을 만드는 골수와 밀접한 관련이 있는 신장부터 살펴봐야 했다. 신장이 건강해야 우리 몸에 좋은 피가 잘 돌 수 있다. 그런데 신장을 살리려면 소장부터 살펴야 한다. 왜냐면 신장과 소장이 하는 일이 사실 아주 밀접하게 연결되어 있기 때문이다.

신장은 우리 몸에서 '물'을 담당한다. 노폐물을 걸러내고 좋은 물은 다시 흡수하는 것이다. 반면 소장은 '불'을 담당한다. 음식물을 소화시켜 영양분을 흡수하는 게 바로 소장의 역할이다.

신장이 정화한 깨끗한 물이 소장으로 흘러가면 소장은 이 물로 영양분을 녹여서 흡수한다. 그래서 소장이 건강해야 신장도 제 역할을 할 수 있다.

그럼 소장을 건강하게 만드는 비결은 뭘까? 바로 미생물이다. 장내 유익균이라고 불리는 미생물들이 소장의 소화와 흡수를 도와준다. 또 하나, 바로 점막이다. 소장 벽을 보호하는 점막층인데, 영양소가 잘 흡수되도록 도와주고, 나쁜 균들이 침투하지 못하게 방어하는 역할을 한다. 장내 미생물도 건강하게 유지하고, 점막을 튼튼하게 관리하는 것이 소장 건강의 비결인 것이다.

그래서 김○○ 씨에게 장 건강에 좋은 과일 채소수프와 혈액 생성에 필수적인 비타민 B군과 엽산, 철분이 풍부한 마늘, 브로콜리, 파래 같은 식재료로 만든 요리들을 다음과 같이 처방하였다.

푸드닥터의 음식처방

1. 과채환원주스와 복합세포주스

- 기본적인 과채환원주스 레시피(177쪽 참고)에서 양배추를 브로콜리로 대체한다.
- 복합세포주스(147쪽 참고)에 마늘을 추가한다.
- 장의 소화 흡수와 세포 기능 정상화를 위해 지속적으로 섭취한다.

2. 무말랭이 미나리수프

- 무말랭이, 미나리, 파래를 끓인 물에 죽염 간장을 첨가(물 200ml에 죽염 간장 1작은술)한다.
- 1일 3회 이상 마신다.
- 미나리의 해독 및 혈액정화 작용을 기대할 수 있다.

3. 마늘밥

- 밥물을 다시마 우린 물로 하고 마늘을 첨가하여 밥을 지어 먹는다.

4. 보리새싹과 미강으로 만든 효소

- 1일 3회 복용한다.

5. 과채 환원주스 나박김치

- 각종 채소를 소금물에 숙성시켜 만든 나박김치(285쪽 참고)는 엽록소와 유익균의 작용을 극대화시킨 음식이다.
- 나박김치의 유익한 균들이 장내에서 엽록소 흡수를 도와준다.
- 1일 3회 이상 수시로 복용한다.

이렇게 꾸준히 음식으로 치유하기 시작한 지 두 달 만에 기적 같은 일이 벌어졌다. 혈액 검사 수치가 눈에 띄게 좋아진 것이다. 백혈구는 $5.27\,\mu l$, 혈색소는 $14.3\,g/\mu l$, 혈소판도 $167\times10^3\,\mu l$까지 올라갔다. 덕분에 골수이식수술 계획은 전면 취소되었다.

이후 골수 검사 결과 유전자 이상이 20%에서 0.7%로 확 줄었으니 골수이형성증후군 진단 가능성도 거의 사라졌다. 완치의 그날을 향해 김○○ 씨는 오늘도 태양 가득한 식탁을 차린다.

"8년 동안 투병 중이던 B형 간염이 낫고, 항체까지 생겼어요" 간경화, 임파선암

> 증권회사에 다니는 이○○ 씨는 40대 중반의 나이에 큰 시련을 맞이했다. B형 간염으로 8년째 투병 중이던 그에게 회사의 경영난이라는 악재가 겹친 것이다. 스트레스가 폭발하면서 몸은 극도로 지쳐갔다. 급기야 그는 쓰러져 병원에 실려갔다. 검사 결과는 충격적이었다. 초기 임파선암 진단을 받은 것이다. 게다가 간염이 급속도로 악화되어 간경화가 시작되고 있다고 했다. 항암치료를 시작했지만 이○○ 씨는 걱정이 이만저만이 아니었다.

간을 치료하려면 일단 간에 대해 알아야 한다. 우선 간은 우리 소화의 중심이다. 간이 가장 힘들어하는 건 소화 안 되는 음식과 과식이다. 그래서 음식은 최대한 오래 씹어서 천천히 삼키는 게 중요하다. 또한 간으로 가는 영양분의 질과 양은 장에서 결정된다.

깨끗한 산속 시냇물은 그냥 그대로 마셔도 될 만큼 맑다. 하지만 도심의 탁한 하천은 아무리 정수기로 걸러도 마시기에는 망설여진다. 우리 몸도 마찬가지이다. 장 속에 나쁜 균들이 가득하면 깨끗한 영양분이 간으로 가기 힘들다. 그래서 간 건강을 위해서는 유익균으로 장내 환경을 개선하고, 섬유질로 장을 깨끗이 청소해야 한다.

간은 우리 몸의 피 저장고이기도 하다. 우리 몸의 혈액 중 1/5이 항상 간 주변에 있거나 간을 통과하고 있다. 그러니 피를 맑게 해주는 음식은 간에게 더없이 좋다. 특히 채소, 해조류, 해산물 같은 식품들이 간을 튼튼하게 한다. 예를 들어 사과 당근주스에 매실이나 식초를 조금 넣어 매일 마시면 효과를 볼 수 있다.

물론 간 자체도 건강해야 한다. 간을 망치는 주범은 지나친 육식과 가공식품이다. 동물성 단백질과 화학 첨가물이 간에 부담을 주는 것이다. 따라서 육식이나 가공식품보다는 콩밥, 된장, 두부 같은 식물성 단백질을 섭취하는 게 좋다.

면역력을 높이기 위해 버섯이나 현미밥, 현미싹, 홍삼엑기스 등을 섭취하는 것도 간 건강에 도움이 된다.

또한 간은 해독의 주역이다. 술, 약물, 중금속까지 다양한 독소를 처리하느라 간은 매일 바쁘다. 비타민 B와 아미노산이 풍부한 맥주효모는 이렇게 해독으로 바쁜 간을 돕는다.

마지막으로 간 건강을 위해 강조하고 싶은 것은, 마음의 평화이다. 우리 몸과 마음은 연결되어 있다. 스트레스와 부정적인 감정은 간에도 큰 부담이 된다. 맑은 물이 들어오면 흙탕물이 사라지듯이 우울한 생각이 들 때마다 우리 마음도 차분히 정화해 나가야 한다.

푸드닥터의 음식처방

1. **미숫가루(현미 및 현미싹 8 : 검정콩 1 : 율무 1): 아침식사로 먹는다.**

2. **유산균, 맥주효모, 엉겅퀴추출물, 레시틴(청국장): 1일 3회 먹는다.**

3. **과채 주스(당근 1/2 + 사과 1/2 + 식초): 1일 2회 마신다.**

4. **복합세포주스(147쪽 참고): 먹기 전에 간장, 식초를 섞어 먹는다.**

5. **미강 효소제: 매 식후 섭취한다.**

6. **과채수프: 1일 2회 먹는다.**

이○○ 씨는 꾸준히 식단을 바꾸며 항암치료를 무사히 마쳤고, 기적 같은 일이 일어났다. 간 수치가 정상으로 회복되고 B형 간염 항체까지 생긴 것이다.

4.

건강해지려면
식재료부터 알아야 한다

음식치료에 두루 쓰이는 대표 식재료들의 특성과 유효성분을 극대화하여 먹는 방법을 소개한다. 이 지극히 친근하고 평범한 재료들 하나하나가 가진 놀라운 능력을 알면 알수록 건강을 위한 묘약이 바로 가까이에 있었구나 하고 깨닫게 될 것이다. 이제 무궁무진한 효능을 가진 재료들을 마음껏 활용해 보자.

발암억제율 80%의 강력한 항암식품
가지

가지의 가장 큰 특징은 바로 '안토시아닌'이라는 색소를 다량 함유하고 있다는 것이다. 이 안토시아닌 덕분에 가지는 특유의 짙은 보라색을 띠고 있다.

안토시아닌계 색소는 폴리페놀의 일종으로 나스닌과 히아신 같은 물질이 포함되어 있으며 강력한 항산화 작용을 한다. 이 항산화 작용은 인체 세포간의 접착을 증강시켜주고 모세혈관의 탄성을 증가시켜 동맥경화와 심장병, 뇌졸중을 예방하고 노화도 지연시킨다. 심지어 암

예방에도 도움을 준다. 눈이 피로하거나 시력이 안 좋은 분들에게도 좋다. 또한 어혈을 없애고 혈액순환을 개선하여 허리와 다리가 저리는 신경통에도 효과가 있다.

가지 속에는 '클로로겐산'이라는 성분도 있다. 이게 바로 가지 특유의 떫은 맛을 내는 주범이다. 이 성분도 우리 몸에 아주 이로운 물질이다. 항산화 작용을 할 뿐더러, 지방을 분해하고 연소를 촉진해주어 중성지방 수치를 낮추는 데도 효과가 있다.

여기에 더해 베타카로틴도 풍부하다. 베타카로틴은 우리 눈에 있는 '로돕신'이라는 물질을 만드는 데 필요한 성분이다. 로돕신은 어두운 곳에서 물체를 볼 수 있게 해주는 역할을 한다. 결국 가지를 먹으면 야맹증 예방에도 좋다는 이야기다.

가지 꼭지 부분에도 좋은 성분이 있다. 바로 '스코폴레틴'이라는 물질인데 이 물질은 바이러스와 나쁜 세균들의 증식을 억제하는 역할을 하여 염증을 가라앉히는 항생제처럼 작용한다. 만약 입안이 헐었다거나 위장에 염증이 있다면, 가지를 먹으면 도움이 된다. 항산화 작용에 항암, 항염증까지, 게다가 눈 건강에도 좋다니 이만한 채소가 또 있을까?

가지의 효과는 여기서 그치지 않는다. 열을 내려 출혈을 멈추는 작용이 있으므로 몸 안에 열이 많은 사람, 피부에 여드름이나 염증이 자주 생기는 사람, 대변이 단단하게 굳은 변비 환자에게 도움이 된다. 또한 가지는 암세포를 억제하고 방사선 치료로 인한 부작용을 줄여준다.

지금부터는 가지의 영양소 파괴를 최소화하는 조리법을 알아보자. 가지를 찌면 클로로겐산 함량이 가장 높아진다. 또한 기름에 요리하면 클로로겐산이나 나스닌의 손실을 막을 수 있다. 하지만 기름진 요리는 칼로리가 높아지니 주의해야 한다.

가지는 차가운 성질을 가진 채소이므로 속이 차갑다면 적절한 양을 섭취하는 게 좋다. 또한 가지에는 히스타민 성분이 있어서 알레르기가 있다면 조심해야 한다.

가지 활용 방법

① 가지죽: 가지와 찹쌀로 죽을 쑨다. 부종이나 황달이 있을 때 좋다.

② 가지구이: 대변에 피가 섞여 나올 때 사용한다.

③ 가지꼭지 분말: 가지꼭지를 잘 말려 분말로 만들어 약간의 죽염을 혼합하여 치약에 섞어서 사용하면 치주염을 가라앉히고 치통을 완화한다.

열을 내려주고 갈증을 해소시켜주는
오이

오이의 쓴맛을 내는 성분인 '쿠쿠르비타신'은 이뇨작용이 있어서 몸에 불필요한 수분을 배출하는 데 도움이 되고, 항암에도 효과가 있다. 또한 오이에는 '에렙신'이라는 효소가 있다. 이 효소는 단백질을 분해하는 역할을 하는데, 놀랍게도 장내 박테리아나 회충을 없애고 장을 청소하는 효과가 있다고 한다.

오이씨에도 좋은 성분이 있다. '하이포산틴'이라는 물질인데, 이것도 구충 작용을 한다. 따라서 오이를 통째로 먹으면 구충 효과를 두 배로 볼 수 있다.

오이의 껍질도 깎아 버리기엔 아깝다. 혈당과 콜레스테롤을 낮추고 암세포를 억제하는 알칼로이드가 많이 들어있기 때문이다.

오이는 건강에도 도움이 되지만 피부 관리에도 그만이다. 화장수, 팩, 비누, 로션 등 많은 미용 제품에 빠지지 않고 사용되는 원료가 오이이다. 일단 오이의 엽록소와 비타민 C는 미백효과가 있으며 피부에 수분을 보충해 주고 보습효과가 뛰어나다. 칼로리가 매우 낮아 다이어트에 효과적이며 항산화작용이 뛰어나 세포손상을 예방한다. 또한 인체 내 노폐물을 배출하는 효과가 커 몸을 맑게 하고 부종을 감소시키는 효과까지 있으니 이만한 뷰티 식품이 없다.

오이는 천연 구취제라고 불릴 만큼 입 냄새 제거에 좋다. 우리 입에서 냄새가 나는 이유 중 하나는 바로 입안이 건조해서이다. 침 분비가 줄어들면 입안의 습도가 낮아지고, 이렇게 되면 냄새를 유발하는 박테리아가 증식하기 좋은 환경이 만들어지는 것이다. 그런데 오이를 먹으면 오이의 수분이 입안을 촉촉하게 해주어 침 분비를 촉진시켜 준다. 또한 오이의 엽록소는 구취를 유발하는 나쁜 박테리아의 증식을 억제하는 효과가 있기도 하다.

무엇보다 오이는 갈증 해소에 정말 효과적이다. 그도 그럴 것이 95%가 수분이다. 오이 한 조각을 먹는 것만으로도 목이 촉촉해지는 느낌이 드는 것은 이 때문이다.

오이는 열을 내려주며, 열에 의하여 생긴 증상을 없애준다. 그래서 인후염으로 고생하는 사람이 먹으면 효과를 볼 수 있다. 또한 편도선이 자주 붓는 이들에게도 좋다. 몸에 쌓인 열을 내려 숙면을 유도하고 수분의 균형을 조절하는 효과도 있다.

오이의 또 다른 주목할 만한 특징은 이뇨작용이다. 이는 체내의 불필요한 수분을 제거하는 데 도움을 주어 다이어트에 효과적이다.

술자리 다음 날, 오이 해장도 권할 만하다. 숙취로 울렁거릴 때 아삭아삭한 오이를 먹으면 해독작용과 피를 맑게 해주는 효능으로 숙취가 한결 나아진다.

오이를 활용한 요리도 다양한데, 소금에 절여서 오이소박이를 만들어 먹기도 하고, 식초에 절여서 피클을 만들기도 한다. 식초를 사용하면 오이의 비타민 C 파괴를 막을 수 있어서 더 좋다.

수분도 풍부하고, 해독, 항암, 구충작용까지 누릴 수 있는 오이를 가까이하여 여러 효능을 만끽하자.

오이 활용 방법

① 오이껍질차: 전신 부종에 좋다. 오이껍질을 식초물로 세척하고 건조시

킨 다음 물 200㎖에 건조한 오이껍질 10g 정도를 넣고 잘 우러나도
록 끓여 마신다.

② 오이 생즙: 아토피피부염의 가려움증을 진정시킨다. 심한 부종에도 효
   과가 있다.

③ 오이 비트냉국: 부종이나 이뇨작용에 효과가 있다.

암환자들이 가장 즐겨 먹는 슈퍼푸드 1위
토마토

전 세계적으로 가장 많이 재배되는 채소인 토마토는 영양소가 풍부
한 슈퍼푸드로 잘 알려져 있다. 특히 붉은색을 내는 '라이코펜'과 '베
타카로틴'이라는 색소가 다량 함유되어 있는데 이 색소들은 토마토가
완전히 익으면 더욱 많아진다.

그중에서도 '라이코펜'은 강력한 항산화 작용을 해서 암을 예방하는
데 탁월하다고 한다. 우리 몸의 점막을 보호해주기도 하고, 바이러스
나 유해한 세균의 증식을 억제하는 효과도 있다.

이 라이코펜은 지용성 물질로 토마토를 조리할 때 기름을 넣으면 라
이코펜의 흡수율이 훨씬 높아진다. 그래서인지 스파게티 소스나 피
자 토핑으로 토마토를 많이 사용한다.

토마토에는 '루테인'이라는 물질도 들어 있다. 이 루테인은 우리의 시
력을 보호하는 역할을 한다. 또 혈관을 튼튼하게 해주고 혈압을 낮추
는 효과도 있으니 고혈압이 고민이라면 토마토에 관심을 가져보자.

토마토는 항산화 물질의 집합체라 할 만하다. 베타카로틴, 라이코펜,
루틴, 비타민 C 등 다양한 항산화 물질들은 우리 몸에 쌓이는 활성산
소를 중화시켜준다. 활성산소가 많아지면 염증이 생기고 암 발생 위

험도 높아지는데 토마토가 이를 막아주는 것이다.

특히 전립선암, 유방암, 간암, 대장암 같은 암에는 토마토가 더욱 효과적이다. 황반변성 등 눈에 생기는 질환 예방에도 토마토만한 채소가 없다.

토마토와 함께 먹으면 좋은 채소들이 있는데, 바로 마늘, 양파, 부추 같은 식이유황이 풍부한 채소이다. 이들과 같이 먹으면 토마토의 항암 효과가 더욱 높아진다. 십자화과 채소도 토마토와 궁합이 잘 맞는다. 토마토를 브로콜리나 케일 같은 설포라판이 풍부한 십자화과 채소와 함께 요리하고, 거기에 식초를 살짝 뿌려주면 정말 최고의 항암 요리가 된다. 환상의 파트너들과 같이 먹어 토마토의 힘을 최대로 이끌어내는 요리법이다. 토마토가 주는 건강 효능을 제대로 누리는 방법이니 기억해두자.

당뇨, 심혈관 질환, 콜레스테롤, 비만 같은 만성질환 관리에도 토마토는 아주 효과적이다. 토마토 하나로 이렇게 많은 건강 효과를 볼 수 있다니, 이 정도면 토마토의 주성분이 '생명력'이라 해도 과언이 아닐 것이다. 수퍼푸드라고 불릴 만한 자격이 충분하다.

토마토 활용 방법

① 토마토항암케첩: 심혈관 질환, 소화기 질환, 유방암, 전립선암, 대장암에 효과적이다. 토마토 5개, 감자 100g, 양송이 5개, 양파 1/2개, 식초 1작은술, 파슬리가루 약간, 죽염 약간을 넣어 만든다.

② 토마토 양파수프: 항산화·항암 작용을 하며 심혈관 질환, 피부 질환, 전립선 질환에 도움이 된다. 토마토 6개, 양파 1개, 마늘 2쪽, 올리브오일 2큰술, 채소 육수 2컵, 죽염과 후추 약간, 바질 또는 파슬리 약간을 넣고 끓인다.

③ 항암 청국장쌈장: 전립선암, 유방암, 위장 질환, 장 질환, 변비, 고혈

압, 심장 질환에 좋으며 시력 개선에 도움을 준다. 청국장, 다시마, 토마토, 양파, 들깻가루, 호두, 식초를 섞어 만든다.

원기회복에 딱!
호박

호박은 크게 덩굴 호박과 덩굴이 없는 호박으로 나뉜다. 또 동양계, 서양계, 페포계 등으로 구분하기도 한다. 이렇게 다양한 종류만큼 호박의 효능도 다채롭다.

호박은 당 함량이 높지만 익은 호박에 들어있는 당은 소화 흡수가 잘돼서 우리 몸에 부담을 주지 않는다. 비타민, 칼슘, 마그네슘, 칼륨 같은 좋은 영양소들도 풍부하다.

호박에는 쿠쿠비타신이라는 쓴맛 성분이 들어 있는데, 이 성분이 이뇨작용을 해서 부종 개선에 도움을 준다. 특히 호박꽃에 이 성분이 많이 들어있어서, 호박꽃을 먹으면 이뇨에 더 효과적이다.

호박이 노란색을 띠는 이유는 카로틴 색소 때문이다. 이 카로틴 색소는 폐암이나 직장암 예방에 좋다. 또 호박에는 루테인과 제아잔틴이 풍부해서 눈 건강도 지켜준다.

한편 호박씨에는 불포화지방산이 풍부해서 우리 혈행을 개선하는 데 도움을 준다. 콜레스테롤이 걱정된다면, 호박씨를 챙겨 먹어보자.

또 호박에는 시트룰린이라는 성분이 풍부하다. 이 시트룰린은 우리 혈관을 확장시키는 효과가 있어서 심혈관 질환을 예방하고 신장이나 전립선에 좋다고 한다.

특히 애호박은 몸에 불필요한 습을 제거하면서 동시에 기운을 북돋워준다. 여름에 애호박을 먹으면 원기회복에 도움을 준다는 이야기다.

몰리브덴이라는 성분도 풍부한데, 이 성분이 강력한 항산화 작용을 한다. 우리 몸에 쌓이는 활성산소를 제거해서 노화를 막아주고 각종 질병을 예방하는 데 도움을 주는 고마운 성분이다.

당뇨가 걱정된다면 단호박을 추천한다. 단호박은 당뇨를 예방해주는 베타카로틴도 풍부하지만 당지수가 낮아서 당뇨 환자도 부담 없이 먹을 수 있다.

게다가 단호박에는 칼륨과 칼슘도 다량 함유되어 있다. 이 성분들이 우리 몸의 산성화를 막고 나트륨 배출을 도와서 혈압을 낮추는 데 일조한다.

이렇게 호박에는 미네랄, 비타민부터 시작해서 항산화 물질, 각종 생리활성 물질까지 그야말로 건강에 좋은 성분들로 가득하다.

호박 활용 방법

① 단호박씨(차): 항산화작용이 뛰어나며 전립선 건강, 동맥 노화 예방, 남성의 발기부전에 도움이 된다. 단호박씨를 약한 불로 볶아 1일 20~30알 정도 섭취하거나 차로 마신다. 차로 마실 때는 껍질째 세척 후 덖어서 사용한다.

② 단호박 소고기수프: 기관지염, 가래, 폐농양, 숨 차는 증상에 효과적이며 원기회복에 도움이 된다. 소고기 200g에 올리브유를 넣고 볶다가 당근, 양파, 감자, 마늘 등을 넣고 양파가 투명해질 때까지 볶은 후 단호박 500g을 넣고 모든 재료가 물에 잠기도록 물을 붓고 30분 정도 더 끓여 만든다.

③ 단호박 양파수프: 피부 건강, 장 건강, 췌장기능 회복에 도움이 되며 피부암, 위장암, 대장암, 폐암에 좋다. 단호박, 당근, 양배추, 양파를 같은 양으로 넣고 20분 이상 끓여 만든다.

위대한 생명력
근대

근대는 '부단초'라고 불릴 만큼 생명력이 끈질긴 채소다. 가뭄과 더위에도 잘 견디는 강인한 녀석이라 어떤 환경에서도 잘 자라서 '영원한 시금치'라는 별명까지 있다. 그래서 기르는 재미가 쏠쏠한 채소이기도 하다. 봄에 심어서 손바닥만 한 잎을 딸 때마다 금세 그만한 잎이 다시 돋아난다. 게다가 가을 늦게까지 수확할 수 있다.

근대에는 그 생명력만큼이나 좋은 영양소가 가득하다. 베타카로틴, 비타민 B12, E, K는 물론이고 칼슘, 인, 철, 마그네슘 같은 무기질도 풍부하다. 게다가 식이섬유도 많다. 이래저래 피로 해소와 스트레스 완화에 이만한 채소가 없다.

소화와 혈액순환에도 근대가 도움을 준다. 예로부터 동의보감에서는 위장이 좋지 않을 때 근대를 식이요법으로 사용했다고 한다.

시력이 좋지 않은 이들에게도 도움이 된다. 이 초록잎 채소에는 우리 눈 건강을 지켜주는 제아잔틴과 루테인 같은 항산화 물질이 풍부하다. 더불어 시금치보다 조직이 부드럽고 영양의 균형이 우수해 성장기 어린이에게 특히 좋다. 라이신, 페닐알라닌, 루신 등 몸에 꼭 필요한 필수 아미노산이 가득하기 때문이다.

근대의 영양 흡수에 도움이 되는 식재료가 있는데, 바로 콩이다. 근대를 단백질이 풍부한 두부나 콩과 함께 먹으면 에너지 대사가 좋아진다. 또한 마늘과 함께 먹으면 비타민 B1의 흡수율도 높일 수 있다. 단, 근대를 조리할 때는 시금치처럼 뚜껑을 열고 데쳐 사용하는 게 좋다. 비타민과 무기질, 항산화 물질까지 골고루 갖춘 영양 덩어리, 근대를 식단에 자주 올려보자. 무쳐 먹어도 좋고, 국에 넣어 끓여 먹어도 좋다. 특히 김치로 담가 먹으면 그 맛이 일품이다.(281쪽 참고)

근대 활용 방법

① 근대국: 위장을 튼튼하게 한다.

② 근대죽: 어혈을 없애고 혈액 순환을 돕는다. 출산 후 자궁 회복에 좋고 생리 불순에도 도움이 된다. 근대, 멥쌀, 된장으로 만들어 먹는다.

해독의 제왕
미나리

미나리는 한국을 비롯해 동남아시아 지역에서 흔히 볼 수 있는 수생 식물로 비타민과 무기질, 섬유질이 아주 풍부하다. 비타민 A, B, C, E는 물론이고 인, 철 같은 무기질까지 골고루 들어있다. 산성화된 몸을 중화시켜주는 알칼리성 식품으로 알려져 있기도 하다.

특히 미나리는 우리 몸에 쌓인 독소를 제거하고 혈액을 깨끗하게 해주는 데 탁월한 효과가 있다. 그래서 예로부터 '혈관의 명약'이라고 불렸다. 머리를 맑게 해주고 혈액을 정화시켜 주어 혈압 강하 작용이 뛰어나니 고혈압 환자의 음식으로는 미나리만한 것이 없다.

미나리는 간장 질환에도 좋아 황달, 숙취로 인한 두통, 간염 등에 효과가 있고 복수와 부종, 임파선염에도 효험을 볼 수 있다.

미나리의 녹색 잎에는 퀘르세틴과 캠페롤이라는 색소 성분이 들어있는데, 이 성분들이 강력한 항암 효과를 가지고 있으며 항산화 작용과 항염 작용도 뛰어나다.

미나리의 뿌리는 수근 또는 수영이라고도 불리는데, 한방에서는 열을 내리고 소변을 잘 나오게 하는 약재로 사용된다.

재미있는 사실은, 미나리를 비롯한 수생식물들은 물을 다루는 데 일가견이 있다는 것이다. 첫째, 물을 버릴 줄 알며 둘째, 물을 해독할 줄 알고 셋째, 물 속에서 엄청난 생명력을 발휘한다.

미나리의 생김새를 들여다보면 특성을 더 잘 이해할 수 있다. 잎이 좁고 작은데, 이는 미나리가 햇빛을 많이 필요로 하지 않는 성질을 가졌기 때문이다. 줄기는 텅 비어있고 매듭이 있는데, 마치 우리 몸의 혈관과 비슷하게 생겼다.

미나리는 보통 더러운 습지에서 자라면서 그 물을 정화하는 역할을 한다. 그런데 소금물에 데치면 미나리의 이런 정화 능력이 더 강해진다. 막힌 곳을 뚫어주는 효과가 좋아지는 것이다. 또한 항암 성분인 퀘르세틴과 캠페롤도 60%나 증가한다고 하니 꼭 기억하자.

미나리는 신장 건강에도 도움이 된다. 통풍을 유발하는 원인 물질인 퓨린이 거의 없으면서도 풍부한 칼륨이 소변을 알칼리화하여 몸속에 쌓인 요산을 쉽게 내보내니 신장 건강 지킴이라 부를 만한다. 또한 요로결석까지 제거하는 효능이 있다.

이처럼 미나리는 그야말로 채소의 왕이라고 할 만하다. 비타민, 무기질, 식이섬유가 풍부하고 항암, 해독, 혈관 건강까지 챙겨주니 말이다. 미나리를 고를 때는 잎이 시든 것은 피하는 게 좋다. 보관할 때는 물에 적신 키친타월이나 신문지로 밑둥을 감싸서 냉장고에 넣어두자. 먹기 전에는 줄기 끝을 잘라내고 흐르는 물에 살살 씻으면 된다.

미나리 활용 방법

① 미나리초무침: 고혈압 개선, 해독, 간 기능 개선, 피로 해소에 좋다.
② 미나리탕: 황달, 통풍, 요로결석, 고혈압에 좋고 간 기능 개선에도 도움을 준다. 무 800g, 미나리 300g, 다시마 10×10cm 3장, 물 5ℓ를 냄비에 넣고 충분히 우러나도록 끓여 만든다.
③ 미나리 연근즙: 코피, 혈뇨, 치출혈 완화에 도움이 된다.

항산화 작용과 해독 효과가 뛰어난
숙주

숙주는 녹두를 발아시켜 키운 나물로, 아삭아삭한 식감이 일품이다. 일단 수분이 아주 많아서 여름철 수분 보충에 그만이다. 좋은 영양소들도 가득한데, 특히 아미노산, 비타민 B1, B2, B6, C가 풍부하다. 우리 몸에 활력을 불어넣어 주는 귀한 영양소들이다.

숙주는 다이어트에도 아주 좋다. 식이섬유는 풍부한데 칼로리는 낮기 때문이다. 또 비타민 B2가 지방 대사를 활발하게 해서 체중 감량에 도움이 된다. 그래서 다이어트 중이라면 숙주와 친해질 필요가 있다.

녹두는 나물로 키우면 놀라운 변신을 한다. 영양도 높아지고 특히 노화 방지에 탁월한 효과가 있는 성분의 함량이 높아진다. 특히 비타민 A는 2배, 비타민 B는 30배, 비타민 C는 40배 이상 증가한다. 또한 단백질이 분해되어 아르기닌, 아스파라긴산 등이 풍부해지며, 당 성분은 현저히 줄어든다. 이러한 변화로 녹두 나물은 간 조직 회복과 면역력 강화에 도움을 주는 성분이 늘어나 해독 작용이 더욱 증진된다. 주목할 만한 점은 패스트푸드나 인스턴트 식품 위주의 식단이 지속될 경우, 칼슘 대신 뼈에 흡수되어 뼈를 약화시키는 유해 물질인 카드뮴을 해독하는 효능이 있다는 것이다.

또한 숙주는 수생식물이라 해독 효과가 뛰어나다. 특히 혈액을 깨끗하게 정화시켜주는 것으로 유명하다. 무엇보다 숙취 해소에는 숙주만한 게 없다. 술 먹은 다음 날, 숙주를 넣은 국 한 그릇이면 개운해질 것이다.

숙주를 조리할 때는 데치지 말고 살짝 볶거나 그냥 먹는 게 좋다. 데치면 숙주의 영양소들이 물에 빠져나갈 수 있다. 특히 수용성 비타민인 비타민 C와 칼륨이 쉽게 소실될 수 있다.

숙주는 쉽게 물러서 보관이 까다로운 편이다. 보관할 때는 밀폐 용기에 물을 숙주가 잠길 정도로 부어서 냉장고에 넣어두면 싱싱한 상태를 오래 유지할 수 있다.

숙주를 고를 때는 노란 잎이 많이 핀 것, 지나치게 통통한 것은 비린

내가 날 수 있으니 피하는 게 좋다. 푸른 싹이 난 것도 햇빛에 너무 많이 노출된 것이니 피하자.

숙주 활용 방법

① 숙주샤브샤브: 고혈압, 당뇨, 구내염, 피부 트러블에 좋다. 숙주나물, 느타리버섯, 표고버섯, 쑥갓, 청경채, 배추, 대파, 멸치다시마 육수로 요리한다.

페니실린보다 강한 살균 효과!
마늘

마늘 특유의 향과 맛을 내는 성분은 바로 '알리신'이다. 이 알리신이 마늘의 효능에 있어 가장 중요한 역할을 한다. 알리신은 무척 강력한 살균 작용을 하는 성분이다. 항생제인 페니실린보다 더 센 살균 효과가 있다고 하니 정말 대단하다. 그래서 항바이러스 효과도 뛰어나다. 또한 알리신은 중금속 해독에도 탁월한 효과를 보인다. 특히 수은과 상호작용하여 해독시키는 능력이 있다. 더불어 마늘에 풍부하게 함유된 셀레늄과 아연도 유해 중금속들의 독성을 해독하는 데 도움을 준다.

재미있는 점은 알리신이 열을 가하거나 다른 황화합물과 만나면 그 효능이 더욱 강해진다는 것이다. 특히 혈전을 예방하는 항혈전 작용이 더 좋아진다.

알리신은 비타민 B6와 만나면 췌장을 튼튼하게 해주고 인슐린 분비를 촉진해서 혈당을 안정시키는 데 도움을 준다. 이렇다 보니 마늘은 당뇨가 걱정되는 사람들에게 특히 좋은 식재료이다.

마늘에는 게르마늄과 셀레늄도 풍부하다. 이 성분들은 암세포의 성장을 억제하고 암 예방에 도움을 준다. 마늘이 최고의 항암식품으로 알려진 이유다.

마늘을 손질할 때는 알리신의 효과를 잘 이용하는 게 중요하다. 마늘을 자르거나 으깨서 잠시 두었다가 조리하면 알리신 함량이 높아진다. 그리고 100도 이하에서 1~2분 정도만 익히는 게 알리신의 파괴를 막을 수 있는 가장 좋은 조리법이라고 한다.

마늘은 심혈관 질환 예방에도 탁월한 효과를 보인다. 혈중 콜레스테롤 수치와 중성지방을 낮추고, 혈액이 굳어지는 것을 막아주어 혈관 건강을 증진시킨다. 혈관 건강을 지키고 싶다면, 한 톨 한 톨에 건강의 비밀이 담긴 마늘을 삼시 세끼 적극 활용해보자.

이렇듯 강력한 항암, 항염, 살균 작용으로 건강한 식재료의 대표주자로 자리잡은 마늘의 효능은 다 얘기하기 어려울 정도로 많다. 세포에 활력을 불어넣어 노화를 억제하고, 몸을 따뜻하게 하여 말초혈관을 확장시키는 작용까지 기대할 수 있는 마늘이야말로 내 몸을 지켜주는 최고의 건강 식재료이다.

마늘 활용 방법

① 마늘 초간장절임: 항균 및 항바이러스 작용, 심혈관 건강 개선, 면역력 향상, 항암, 혈당 조절에 효과적이다. 마늘 300g을 깨끗이 씻어 물기를 말린 후, 절임액(식초 200ml, 간장 또는 소금 200ml, 설탕 100ml, 매실청 100ml)에 완전히 잠기도록 담그고 숙성시켜 만든다.

② 마늘밥: 근육통, 신경통, 감기 예방, 면역 증강, 심혈관 질환에 도움이 된다. 다시마 우린 물로 밥물을 하고 마늘을 첨가하여 밥을 짓는다.

③ 마늘 양파수프: 간기능 활성화, 면역강화에 도움이 되며, 신경통, 관절염, 고혈압, 동맥경화에 좋고, 항암 효과가 있다. 마늘 300g, 양파 100g, 감자 300g, 물 5컵, 올리브유, 소금, 후춧가루 약간을 넣고 수프를 끓인다.

혈관 건강은 내게 맡겨!
비트

현대인들의 식탁에 새로운 슈퍼푸드로 떠오른 비트(Beetroot)는 그 독특한 붉은 색만큼이나 다양한 건강 효능을 자랑한다. '땅속의 붉은 피'라고도 불리는 이 매력적인 채소는 '첨채'라고 불리기도 한다.

비트는 무엇보다 혈관 보약이라고 할 만큼 혈관을 튼튼하게 해주는 효과가 있다. 혈관 상처를 치료하고, 혈전 예방에도 도움이 되며 피를 맑게 해주고, 피가 엉기는 것을 막아준다고 하니 혈관 질환이 있는 사람들이 주목해야 할 채소이다.

비트는 혈압을 조절하는 데도 탁월한 효과를 발휘한다. 함유된 질산염이 체내에서 일산화질소로 변환되어 혈관을 확장시키고 혈류를 개선하여 자연스럽게 혈압이 낮아지며, 고혈압을 예방하는 데 도움이 된다. 혈관 내피를 강화시켜 동맥경화나 심혈관 질환, 뇌동맥류 예방에도 효과적일 뿐만 아니라 뇌로 가는 혈류를 증가시켜 인지 기능을 향상시키고, 나이가 들면서 나타날 수 있는 뇌 기능 저하를 예방하는 데 도움이 된다.

또한 모세혈관이 확장되어 체내 산소이용율이 증가되면서 운동 능력이 향상될 수 있다. 엽산과 철분이 풍부해서 혈액을 만드는 조혈 작용에도 관여한다.

비트의 또 다른 핵심 성분인 베타인은 자연에서 얻을 수 있는 가장 강력한 항염증 물질이다. 체내 염증을 감소시켜 관절염 등 염증성 질환을 예방하고 개선하며, 트리메틸글리신으로 전환되어 호모시스테인 수치를 낮춰 심혈관 질환의 위험을 줄인다.

또한 베타인은 메티오닌 합성을 촉진하여 단백질 합성과 DNA 수리를 지원하고, 간에서 글루타치온 생성을 촉진하여 해독 작용과 간 건강 유지에 도움을 준다.

이뿐만 아니라 비트는 식이섬유가 풍부하여 소화를 촉진하고 변비를 예방하며 체중 관리에도 유익하다. 엽산도 풍부한데 엽산은 우리 몸에서 혈액을 만드는 데 꼭 필요한 영양소로 골수에서 혈액 세포를 생성할 때 중요한 역할을 한다.

비트에는 헤모글로빈을 만드는 데 없어서는 안 될 철분도 많이 들어 있다. 헤모글로빈은 우리 몸에 산소를 전달하는 역할을 하는데, 철분이 부족하면 산소 운반이 제대로 이뤄지지 않아 온몸이 피곤하고 기력이 없어지게 된다. 비트의 철분은 이러한 빈혈을 예방하고 개선하는 데 도움을 준다. 또한 비트는 비타민 C, 베타카로틴, 망간 등의 항산화 물질이 풍부하여 세포 손상을 방지하고 노화를 늦추는 데 기여한다.

단, 비트는 수산염(옥살산염) 함량이 높아 결석이 있는 사람은 적정량을 먹어야 하며 비트를 조리할 때는 데쳐서 물은 버리고 사용하는 게 좋다. 데치면 수산염이 물로 빠져나와 함량이 줄어들기 때문이다. 생으로 먹으면 아린 맛이 나고 소화 흡수가 잘 안될 수 있기도 하다. 올리브유를 함께 섭취하면 지용성 비타민의 흡수가 더 잘 되니 참고하자.

비트의 적정한 섭취량은 하루에 120~130g이다. 혈압약을 복용 중이거나 저혈압의 경우 지나치게 혈압이 떨어질 수 있으니 주의한다.

비트는 신문지에 싸서 냉장 보관하거나, 쪄서 냉동 보관하면 오래 두고 먹을 수 있다.

비트 활용 방법

① ABC주스: 복부지방 제거, 혈관질환 예방, 항암, 항염증, 항산화 효과가 탁월하다. 사과, 비트, 당근으로 만드는데, 사과는 깨끗하게 씻어 껍질째 사용하고 비트와 당근은 살짝 쪄서 사용한다. 사과 1/2개, 당근 1/2개, 비트 2조각을 물 300ml와 함께 믹서기에 갈아준다. 기호에 따라 레몬즙을 약간 첨가할 수 있다.

② 비트수프: 고혈압, 심혈관질환, 뇌 건강에 도움이 된다.(201쪽 참고)

비티만 C가 사과의 7배!
배추

배추는 김치의 주재료이다 보니 무, 고추와 함께 우리 식탁에서 가장 많이 보는 3대 채소이다.

생육 적온이 15~20도인 배추는 서늘한 기후를 좋아해 겨울에도 잘 자란다. 겨울 배추를 수확할 수 있는 것도 영하 8도까지 견딜 수 있는 강인한 생명력 덕분이다.

생명력이 강한 만큼 영양가도 풍부하다. 배추에는 칼슘, 칼륨, 나트륨, 인, 철 등 무기질이 다양하게 들어있다. 특히 칼륨이 100g에 220mg이나 들어있는데, 배추 속에 더 많이 모여 있다. 이 칼륨은 우리 몸의 세포를 안정시키고 노폐물을 배출하는 데 도움을 준다.

비타민 C의 높은 함량도 배추의 자랑이다. 100g에 9mg이 들어있어서 사과의 무려 7배나 된다. 비타민 C는 겨울철 싱싱한 채소가 부족할 때 특히 필요한 영양성분으로, 감기를 예방하고 질병에 저항력을 증강시키는 작용을 한다. 따라서 배추는 겨울철 건강 관리에 필수적인 채소라고 할 수 있다. 게다가 배추의 비타민 C는 열이나 나트륨에 잘 파괴되지 않아 볶음이나 국물 요리를 해도 충분히 섭취할 수 있다.

배추의 영양가는 여기에서 그치지 않는다. 다양한 항산화 물질을 포함하고 있어 세포 손상 방지와 염증 감소에 도움을 준다. 특히 폴리페놀, 시스틴, 글루코시놀레이트 같은 화합물은 뛰어난 항산화 및 항염 효과를 가지고 있으며, 이는 암 예방에도 긍정적인 영향을 미칠 수 있다. 또한 체내 염증 반응을 줄여 만성 질환의 위험을 낮추는 데 기여한다.

배추는 양배추, 무, 순무 등과 함께 '고이트로겐' 식품으로 분류된다. 고이트로겐은 갑상선기능이 과하게 활성화된 사람에게 도움이 될 수 있다.

열량이 100g에 불과 15kcal밖에 안 될 만큼 낮아서 다이어트에도 안성맞춤이다. 식이섬유가 풍부해서 포만감도 주고, 변비 개선에도 도움이 되니 다이어트 중이라면 배추를 가까이하자.

배추 활용 방법

① 배추즙: 손과 발에 열이 날 때나 위열이 많아 입술과 혀, 잇몸에 염증이 생겼을 때 효과를 볼 수 있다.

② 배추된장국: 감기 몸살에 효과가 있다. 배추, 표고버섯, 다시마, 고추, 마늘, 된장으로 국을 끓여 먹는다.

위장을 데우는 난로
부추

"부추 씻은 첫 물은 아들도 안 주고 신랑만 준다."는 속담이 말해주듯, 부추는 뛰어난 자양강장 효과로 유명하다. 이 초록의 채소는 우리 몸을 데워주는 천연 난로와도 같다. 일단 부추를 먹으면 소화 효소 분비가 활발해져서 소화가 잘되고, 식욕도 왕성해진다. 소화가 잘되면 자연스레 체온 상승으로 이어진다. 부추의 따뜻한 성질은 특히 활동이 둔해진 위장을 깨우는 데 탁월하다. 소화불량이나 더부룩함을 느낀다면 부추 섭취로 위장에 온기를 불어넣을 수 있다.

부추의 효능은 소화기 건강에만 국한되지 않는다. 부추는 혈액순환 촉진 효과도 있어 강장제, 강심제로 활용된다.

부추 특유의 향은 알리신이라는 성분 때문에 나는데, 이 알리신이 우리 몸에서 정말 중요한 역할을 한다. 무엇보다 당질 대사에 필수적인 비타민 B1의 흡수를 도와주며 그 효과를 오래 지속시켜준다. 부추 밑동에 알리신이 많이 모여 있다고 하니, 부추를 손질할 때는 밑동을 버리지 말자.

부추의 아릴설파이드 성분은 소화를 돕고 발암물질의 독성을 해독하는 효소를 활성화하여 다양한 암(위암, 대장암, 피부암, 폐암, 간암 등) 예방에 도움을 준다. 또한 베타카로틴과 비타민 C 같은 항산화 영양소가 풍부해 세포를 보호한다.

부추에는 칼륨도 아주 풍부한데 이 칼륨이 우리 몸의 나트륨 배출을 돕고, 혈압을 안정시키는 데 기여한다. 고혈압이 걱정된다면 부추가 좋은 선택이 될 것이다. 더불어 체온을 올리고 생식 기능을 개선하는 효과가 있어 냉한 체질이나 자궁이 냉한 여성에게 특히 유익하다.

이렇게 부추 하나로 소화, 순환, 해독, 혈압 관리를 할 수 있다. 위장을 데우고, 피를 원활히 돌게 하는 부추의 매력에 푹 빠져보자. 오늘 우리 집 식탁에 부추로 온기를 더해 보는 건 어떨까?

부추와 잘 어울리는 식재료로는 잔새우, 돼지고기, 닭고기, 두부, 표고버섯 등이 있다.

부추 활용 방법

① 부추 바지락죽: 장염, 설사, 폐결핵, 허리 통증에 효과적이다. 자면서 식은땀을 흘릴 때도 도움이 된다. 부추, 바지락, 멥쌀을 넣고 죽을 쑤어 먹는다.

② 부추 케일즙: 구내염, 냉증, 혈액순환, 코피, 탈모증에 도움이 된다.

③ 부추 된장국: 여름철 설사에 도움이 된다. 멸치육수 700ml, 부추 100g, 대파 1줌, 된장 1큰술, 두부 1/2모, 다진마늘 1큰술, 청양고추 약간으로 만든다. 먼저 냄비에 멸치 육수를 넣고 된장을 풀어 끓인다. 육수가 끓어오르면 두부와 다진 마늘을 넣고 끓인다. 마지막에 부추를 넣고 한소끔만 더 끓여 마무리한다.

④ 부추 호두볶음: 발기불능, 허리나 무릎의 냉증으로 인한 통증에 효과적이다. 부추 200g, 호두 50g에 참기름을 약간 넣고 볶아서 꾸준히 먹는다.

스트레스와 불면엔

상추

상추는 우리 식탁에서 흔히 만나는 채소 중 하나로, 신선하고 아삭한 식감 덕분에 샐러드, 샌드위치, 쌈 등 다양한 요리에 활용되며 전 세계적으로 가장 사랑받는 채소 중 하나이다. 다양한 품종만큼 각각의 특성도 조금씩 다르지만, 대부분의 상추에는 우리 몸에 좋은 영양소가 골고루 들어있다.

상추의 영양학적 가치는 다방면에 걸쳐 있다. 눈의 망막을 보호하고, 야맹증을 예방하며, 시력을 개선하는 데 도움을 준다. 피부 건강에도 중요한 역할을 하는데, 베타카로틴, 비타민 B, E, 엽산 등이 피부를 윤기 있고 탄력 있게 유지하는 데 기여한다. 칼슘, 칼륨, 철 같은 무기질도 풍부하며, 특히 철분과 필수 아미노산 함유량이 높은 편이다.

저칼로리 고식이섬유 식품인 상추는 소화를 돕고 장 운동을 활발하게 하여 변비 예방과 다이어트에 효과적이다.

그런데 상추의 진짜 내력은 따로 있다. 잎과 줄기에서 나오는 하얀 색의 액즙을 본 적이 있는가? 이 액즙에는 '락투카리움'이라는 성분이 들어있는데, 이것이 우리 몸에 특별한 작용을 한다.

락투카리움은 진정 작용이 뛰어나다. 그래서 스트레스를 받거나 잠이 잘 오지 않을 때 상추를 먹으면 차분해지고, 잠들 수 있게 도와준다. 또한 머리가 맑아지면서 두통이 가라앉는 효과도 있다. 화가 나거나 분노가 치밀 때, 잠이 오지 않을 때, 머리가 뜨겁고 두피가 가려울 때, 잦은 두통과 열성 변비로 고생할 때마다 상추를 찾아보자. 마음의 열을 식히고 기분을 안정시켜 줄 것이다.

흥미롭게도 상추를 두부와 함께 먹으면 그 효과가 배가된다. 갱년기로 인해 열감을 느낀다거나 다이어트 중이라면, 또 숙면을 취하고 싶다면 '상추 두부무침'을 추천한다.

상추에 함유된 다양한 항산화 물질은 세포 손상을 방지하고 노화를 늦추는 데 도움이 된다. 상추의 비타민 C는 강력한 항산화제로, 면역 체계를 강화하고 감염으로부터 몸을 보호한다. 또한 비타민 K는 뼈 건강을 유지하고, 혈액 응고 과정을 도와 출혈을 예방하는 데 필수적인 영양소이다. 칼륨은 나트륨의 배출을 촉진하고 혈압을 낮추어 고혈압을 예방하고 심혈관 건강을 개선하는 데 도움을 준다.

다만 주의할 점이 있다. 위장이 냉하거나 예민한 사람, 혈전 치료제를 복용 중인 사람은 상추를 과하게 먹지 않는 게 좋다.

상추 활용 방법

① 상추즙: 타박상 치료에 효과적이다. 상추즙을 만들어 상처 부위에 바른다.

② 상추탕: 유선염 초기나 산후 유즙 분비에 먹으면 도움이 된다. 먼저 상추를 깨끗이 씻어 물기를 제거한 후 채 썬다. 다음 채 썬 상추 100g 에 물 1ℓ를 넣고 30분 정도 끓인다. 소주 1잔을 넣고 중불로 30분 정도 더 끓여 완성한다.

③ 상추 청포묵무침: 암 환자의 방사선 요법이나 화학요법으로 인한 부작용을 완화시키는 데 도움이 된다.

불안을 잠재우는
셀러리

셀러리는 서양 요리에서 빼놓을 수 없는 채소이다. 마치 동양의 미나리처럼 특유의 향으로 각종 요리에 깊은 맛을 더해준다.

극히 칼로리가 낮아 다이어트 식품으로도 유명한 채소로, 잎자루뿐만 아니라 뿌리와 씨앗까지 모두 먹을 수 있다. 유럽에서는 뿌리를 익혀서 수프나 파스타 소스를 만드는 데 활용하고, 잎과 줄기는 주로 생식을 한다.

셀러리의 영양학적 가치는 알면 알수록 놀랍다. 비타민 C, 베타카로틴, 플라보노이드 등의 항산화 물질이 풍부하여 유해 분자인 자유 라디칼을 제거하고 세포 손상을 방지해 노화를 늦추며 면역력을 강화한다. 또한 비타민 B1, B2, 칼륨, 철분, 칼슘, 엽산, 식이섬유가 다량 함유된 알칼리성 식품이다.

셀러리의 또 다른 매력은 바로 그 독특한 향에 있다. 이 향은 '아핀'이라는 배당체를 중심으로 약 50가지 이상의 성분들이 어우러져서 만들어진다. 그 중에는 '테르펜'이나 '유페놀' 같은 성분들이 있는데, 이 물질들은 피톤치드 역할을 한다. 그래서 셀러리를 먹으면 마음이 안정되고, 혈압이 낮아지며, 소화와 신장 기능이 좋아진다.

셀러리에는 항염증 성분인 폴리아세틸렌이 포함되어 있어, 관절염이나 천식과 같은 염증성 질환의 증상을 완화하는 데 도움을 준다. 이러한 항염증 특성은 신체의 염증 반응을 줄이고 전반적인 건강을 향상시키는 데 기여한다. 또한 파이토케미컬인 프탈리드를 포함하고 있어, 혈관을 확장시키고 혈압을 낮추는 데 효과가 있다. 섬유질 또한 풍부하여 콜레스테롤 수치를 낮추고 심혈관 질환의 위험을 감소시키는 데 도움이 된다.

셀러리를 요리할 때는 부분에 따라 달리 활용해야 한다. 바깥쪽 녹색 부분은 향이 강하고 질겨서 갈아서 익혀 먹는 게 좋다. 반면 안쪽 노란 부분은 아삭아삭해서 생으로 샐러드에 넣기 좋다. 단단한 줄기는 고기를 삶을 때 함께 넣으면 누린내를 없애주는 효과가 있다. 마지막으로 잎에는 베타카로틴이 많아서 기름에 볶아 먹으면 체내 흡수율이 높아진다.

셀러리의 방향 성분은 우리 마음을 차분하게 가라앉히는 힘이 있다. 아피게닌을 포함한 40여 종의 성분들이 신경을 안정시키고 두통을 완화하며 식욕을 돋우는 한편 항산화, 항암 작용까지 한다.

아피게닌이라는 성분은 셀러리뿐 아니라 사과, 토마토, 브로콜리 같은 과일과 채소에도 들어있는 노란 색소인데 이 성분이 염증을 억제하고, 장 질환이나 피부병을 예방해준다. 또한 통풍 예방, 탄수화물 대사 촉진에도 효과가 있다.

흥미로운 점은 아피게닌이 우리 뇌세포에도 좋은 영향을 준다는 것이다. 뉴런 형성을 도와 뇌세포 간 연결을 강화해주어 파킨슨병이나 불면증 예방에도 도움이 된다. 뿐만 아니라 아피게닌은 전립선암, 유방암, 췌장암 같은 암을 예방하는 효과도 기대할 수 있다.

셀러리 한 줄기의 힘이 이렇게 놀랍다. 향기로운 식탁의 주인공이 될 만하다.

셀러리 활용 방법

① 셀러리즙(+식초): 고혈압, 혈뇨, 중풍, 고지혈증, 관상동맥경화증에 효과적이다. 셀러리로 즙을 내어 끓인 물에 섞어 마신다.

② 셀러리 산조인탕: 불면증 개선에 도움이 된다. 셀러리 60g, 산조인 10g을 함께 끓여 마신다.

③ 셀러리탕: 진물이 흐르는 피부습진, 불면증, 변비에 도움이 된다. 셀러리로 진하게 탕을 끓여 아침, 저녁으로 공복에 마신다.

위 건강엔
양배추

양배추의 가장 큰 매력은 항암 물질이 풍부하다는 점이다. 글루코시놀레이트와 설포라판 같은 성분들을 함유하고 있어 암 예방, 특히 유방암 예방에 효과적이다. 설포라판은 방사능 해독에도 탁월해 체르노빌 원전 사고 이후 현지인들이 양배추를 많이 섭취했다고 한다.

비타민 U도 풍부한데 이 성분은 위궤양 치료와 위장 점막 재생에 효과가 있다. 특히 양배추 속잎과 심시에 많이 들어있다고 한다. 그런데 이 비타민 U가 열에 약해서 양배추는 살짝 데치거나 생으로 먹는 게 좋다. 참고로 파래에는 양배추의 무려 70배나 되는 비타민 U가 들어 있다. 비타민 U를 더 많이 섭취하고 싶다면 파래를 함께 활용해 보자. 양배추에는 뼈 건강에 중요한 비타민 K도 풍부해 골다공증이 있는 갱년기 여성들에게 추천하고 싶다.

양배추의 글루타민 성분은 세포 성장, 근육 생성, 위장 조직 재생을 도와준다. 또한 피로물질인 젖산을 해독하고 활성산소도 억제한다.

이 밖에도 '양배추는 인간을 밝고 원기 있게 해주며 마음을 가라앉혀 준다.'는 말이 있을 정도로 다양한 건강 효과를 지닌다. 우선 흡수가 잘 되는 양질의 칼슘이 풍부하여 정신을 안정시키고 골다공증을 예방하는 효과가 있다. 다이어트, 위장 점막 회복과 위궤양 증상 개선, 소화 기능을 향상하는 데 도움이 되며 위장과 호흡기 계통의 암을 예방하는 효과를 누릴 수 있다. 또한 면역기능 향상에도 도움이 된다. 이렇게 다양한 이점을 가지고 있는 양배추는 3대 장수식품 중 하나로 꼽힌다.

단, 혈전용해제인 와파린이나 아스피린을 복용 중이라면 양배추의 비타민 K 때문에 약 효과가 감소할 수 있으니 주의하자. 또 양배추의 글루코시놀레이트가 분해되면서 나오는 고이트로겐이라는 물질이 요오드의 흡수를 저해하니 갑상선기능저하 질환이 있다면 양배추 섭취를 조심하는 게 좋겠다.

양배추의 식이섬유가 장내 미생물에 의해 발효되면서 가스가 만들어 질 수 있어 민감한 장을 가진 사람도 주의해야 한다.

양배추 활용 방법

① 사우어크라우트(301쪽 참고): 위와 장 건강에 좋으며 항암 효과도 기대

할 수 있다.

② 양배추즙: 위궤양, 만성담낭염, 갑상선기능항진, 잇몸 염증에 좋으며 위암 예방에도 효과가 있다.

월등한 비타민과 미네랄 함량!
케일

케일은 양배추의 야생종 중 가장 먼저 개량되어 재배되기 시작한 채소로 비타민과 미네랄 함량이 다른 채소들에 비해 월등히 높다.

케일에는 칼슘, 마그네슘, 칼륨, 철분 같은 미네랄이 많다. 또한 베타카로틴, 비타민 B1, B2도 풍부하며 오메가 3 지방산과 엽록소, 식이섬유 함량도 높다.

특히 '퀘르세틴'과 '켐페롤' 등의 플라보노이드와 베타카로틴, 비타민 C와 같은 항산화 성분이 풍부해 노화를 늦추고 질병을 예방하는 데 도움을 준다. 또한 케일에는 행복 호르몬인 세로토닌과 숙면에 도움이 되는 멜라토닌을 생성하는 데 필요한 아미노산인 트립토판이 풍부하여 우울증이나 불면증에 도움이 된다.

케일은 잎이 넓은 채소로 열을 내리는 데도 효과적이다. 특히 갱년기로 인한 열감을 완화하는 데 좋다.

또한 케일은 신장과 방광, 심장의 열을 낮추는 데도 도움을 준다. 우리 몸의 열을 효과적으로 관리해주는 채소인 셈이다.

케일 특유의 매운맛은 '이소티오시아네이트'라는 유황 성분 때문에 나는데, 이 성분은 간 기능을 촉진하고 해독 작용을 하며 항암 효과까지 있다.

케일에 풍부한 칼슘과 비타민 K는 뼈 건강 유지와 골다공증 예방에 좋다. 철분과 엽산이 풍부해서 빈혈 예방에도 효과적이다. 임산부들이 케일을 많이 먹으면 좋은 이유이다.

케일의 베타카로틴과 비타민 U 성분은 우리 몸의 점막을 강화시켜주며 글루코시놀레이트 성분은 암 예방에 도움이 된다. 열량이 낮고 수분과 식이섬유가 풍부해 다이어트나 변비 예방에도 아주 좋다.

눈 건강에 관심이 있다면 케일의 루테인과 제아잔틴 성분을 주목해보자. 이 성분들은 우리 눈을 보호하는 역할을 한다.

케일을 고를 때는 잎이 묵직하고 짙은 녹색이며 잎 표면에 반점이 없는 것을 고르면 된다. 케일은 기름에 볶아 먹으면 좋다. 지용성인 베타카로틴의 흡수율을 높일 수 있기 때문이다.

케일 활용 방법

① 케일 당근주스: 위장병 개선과 면역력 증강에 효과적이다.

② 사과 바나나 케일주스: 노화 예방, 콜레스테롤 제거, 불면증 완화에
   도움을 준다.

자연이 준 건강의 보물
들깻잎

흔히 깻잎으로 불리는 들깻잎은 한국 식탁의 단골손님이다. 상추와
함께 대표적인 쌈 채소로, 영양의 보고라 할 수 있다. 단백질, 당질, 칼
륨, 칼슘, 철분 등의 무기질부터 비타민 A, B1, B2, C까지 다채로운 영
양소를 함유해 '슈퍼푸드'라 불러도 손색이 없다.

특히 철분 함량이 아주 높아 빈혈 예방에 도움이 된다. 칼슘도 풍부해
서 아이들 성장발육에도 좋다.

우리 몸을 따뜻하게 하는 성질도 지니고 있어서 차가운 생선회를 먹
을 때 소화도 잘 되고 몸을 따뜻하게 하는 들깻잎을 곁들여 먹는 것은
매우 지혜로운 선택이라고 볼 수 있다.

깻잎을 먹으면 특유의 향이 식욕을 돋워주는데 실제로 위액 분비를
촉진하고 위장 운동을 활발하게 해준다고 한다.

들깻잎 특유의 향은 단순히 맛을 좋게 할 뿐만 아니라 우리 몸에 이로
운 작용을 한다. 바로 페릴라알데하이드, 페릴라케톤, 리모넨 같은 성
분들 때문인데 이 성분들이 고기나 생선을 먹을 때 느끼는 누린내, 비
린내를 없애줄 뿐만 아니라 살균, 방부 작용을 하여 식중독을 예방해
준다. 음식이 상하지 않게 해주면서 우리 몸에 해로운 세균들로부터
보호해주는 것이다.

루테올린이라는 성분도 함유하고 있는데, 이 성분은 우리 몸의 염증 반응을 완화시켜주며 알레르기 예방에도 효과가 있다. 그래서 요즘 같이 알레르기 환자가 많은 시대에 들깻잎은 더욱 빛을 발한다.

들깻잎에 풍부하게 함유되어 있는 베타카로틴, 로즈마린산 등의 항산화 성분은 활성산소로부터 세포를 보호하고 노화를 지연시킨다. 불포화지방산인 ALA도 함유하고 있는데, 심혈관 건강, 인지기능 향상, 만성염증 완화, 인슐린 저항성 개선, 대사기능 활성화, 섬유근육통 완화 등에 효과가 있다.

이 외에도 들깻잎은 소화를 잘 되게 하고, 불안을 해소하는 데에도 효과가 있다. 이뇨작용도 있어서 부종이 있는 사람에게 좋다. 또한 진해 거담 효과와 피를 맑게 해주는 효과도 있다고 한다.

들깻잎을 먹을 때는 농약 걱정 때문에 조심스러운 마음이 들곤 하는데, 간단한 방법으로 농약 제거를 할 수 있다. 물 1리터에 녹차 가루 30g을 타서 30분 정도 우리고 그 물에 들깻잎을 5분 정도 담갔다가 흐르는 물에 헹구면 농약 성분을 깨끗이 제거할 수 있다.

들깻잎 활용 방법

① 쌈채소: 고기를 먹을 때 깻잎과 함께 먹으면 소화력이 향상되고 콜레스테롤을 낮추며, 고기에 부족한 비타민 등이 풍부에 영양의 균형을 맞춰준다.

② 깻잎즙: 지혈 효과가 있어 상처 치유에 도움이 된다.

③ 깻잎차: 깻잎, 미나리, 무로 차를 끓여 마시면 중금속 해독, 니코틴 해독, 소화불량, 고혈압에 도움이 된다.

위장을 건강하게 하고 감기를 물리치는
대파

대파에는 무기질과 비타민이 아주 풍부하다. 칼슘, 인, 철분이 많고 비타민 A와 C도 풍부하다.

재미있는 건, 대파의 부위에 따라 영양소가 다르다는 것이다. 하얀 대파 부분에는 비타민 C가 많이 들어있다. 그래서 감기에 걸렸을 때, 대파 흰 뿌리와 생강을 넣고 물을 끓여 먹으면 몸에 열이 나고 땀이 나면서 감기가 쉽게 지나간다. 반면 파란 잎 부분에는 베타카로틴과 칼슘이 많다.

대파에는 유황 성분도 풍부하다. 이 성분이 우리 몸을 따뜻하게 해주고 위장 기능도 향상시켜 준다. 또한 유해균 억제 효과가 있으며 혈액순환에도 좋다.

놀라운 건 대파의 항암 효과인데, 특히 위암, 대장암, 전립선암 예방에 효과적이다. 게다가 불면증 개선과 신경 안정에도 도움이 된다니 우리 몸과 마음에 두루두루 좋은 영향을 끼치는 착한 채소라고 할 수 있다.

대파의 또 다른 주목할 만한 효능은 심장 건강을 지키는 데 도움을 준다는 점이다. 대파에는 플라보노이드와 같은 항산화 물질이 풍부하게 들어있어 중성지방과 콜레스테롤이 몸속에 쌓이는 것을 막고 혈관의 염증을 줄여준다. 이로 인해 고혈압, 동맥경화, 중풍, 심혈관 질환 등 성인병 예방에 도움이 된다.

대파는 생으로 먹어도, 익혀 먹어도 맛있다. 생으로 사용하면 특유의 알싸한 맛과 향이 음식의 풍미를 높여주고 익히면 단맛이 나며 촉촉한 식감을 내기 때문에 볶음요리, 국, 찌개 등 다양한 요리에 두루 쓰인다.

대파를 먹을 때는 비타민 B1이 풍부한 음식과 함께 먹으면 더 좋다.

대파 뿌리에 있는 알리신이라는 성분 때문이다. 그러니 고기 볶음처럼 지방이 많은 요리를 할 때는 콜레스테롤 흡수를 막아주는 대파를 꼭 넣자.

조리할 때 한 가지 주의할 점은, 알리신이 열에 약하므로 너무 오래 가열하면 안 된다는 것이다. 또한 미역국을 끓일 때는 대파를 넣지 말자. 대파에 있는 인과 유황이 미역의 칼슘을 흡수하는 데 방해될 수 있기 때문이다.

대파 활용 방법

① 대파된장국: 감기 회복을 돕고 항암 작용을 한다. 특히 위암 억제 효과가 있다. 대파의 흰색 부분을 잘게 썰어서 생강과 함께 된장국에 넣어 끓여서 먹는다.

② 파 민들레연고: 파의 흰색 부분과 민들레를 동량으로 분쇄하고 꿀을 조금 섞어서 염증이 있는 종기에 붙인다.

천연 인슐린
양파

양파는 토마토, 수박과 함께 생산량이 많은 채소 중 하나로 기후에 잘 적응하는 작물이라 전 세계적으로 많이 재배되고 있다.

양파에는 수분이 많고, 단백질, 탄수화물, 비타민 C, 칼슘, 인, 철 등 다양한 영양소가 들어있다. 겉껍질에는 퀘르세틴이라는 성분이 특히 많은데, 이 성분은 강력한 항산화 작용을 하여 혈관벽이 손상되는 걸 막아주고, 동맥경화와 나쁜 콜레스테롤 수치를 낮추며 고혈압 관리에 도움을 준다.

양파 특유의 매운맛은 유화아릴 성분 때문에 나는데, 이 성분은 암세포의 증식을 억제하고 비타민 B1의 흡수를 도와주며 신진대사를 활발하게 만들어준다.

특히 양파는 '천연 인슐린'이라고 불릴 정도로 당뇨 관리에 효과적이다. 췌장에서 인슐린 분비를 촉진하고, 지방세포에서는 아디포넥틴이라는 물질을 늘려서 인슐린 저항성을 낮추어 혈당 조절에 도움을 준다.

알레르기 예방에도 좋다. 양파의 매운 향을 내는 유기 유황 성분인 알리신은 뇌를 자극해서 혈액순환을 좋게 하고, 정신을 안정시키는 효과가 있어 불면증 개신에도 효과적이다.

흥미롭게도 양파를 가열하면 매운맛이 사라지고 단맛이 나는데 그 단맛이 설탕의 무려 50배나 된다. 바로 이 성분이 원기 회복에 아주 효과적이다.

중국에서는 기름진 음식을 많이 먹는데도 심장병 환자가 적어서 이를 '차이니스 패러독스'라고 한다. 이유는 중국인들이 양파를 많이 먹기 때문이다. 양파에 들어있는 퀘르세틴이 동맥경화를 예방하는 데 도움을 주는 것이다.

특히 양파 껍질에 퀘르세틴 함량이 가장 높다. 이렇게 껍질에 좋은 성분이 많다는 걸 알게 되었으니, 지금부터는 껍질을 버리기가 아까울 것이다. 양파를 다듬고 나면 껍질을 버리지 말고 모아서 말려 차로 마시거나, 육수를 낼 때 활용해보자.

양파를 생으로 먹으면 혈전 예방 효과도 있다. 다행히 퀘르세틴은 열을 가해도 효능이 유지된다. 참고로 자주색 양파가 일반 양파보다 퀘르세틴이 5배나 더 많으니 기억해두자.

양파 속 글루타치온 유도체는 간의 해독 기능을 돕고, 알코올, 약물, 니코틴, 중금속, 발암 물질 해독에 효과가 있으며 당뇨 합병증 예방에도 도움을 준다.

양파는 조리법에 관계 없이 고혈압, 심장병, 동맥경화, 심근경색, 당뇨 등 각종 성인병에 효과적이며, 항암 작용도 과학적으로 입증되었다.

단순한 조미 채소를 넘어 종합적인 건강 관리를 도와주는 자연의 선물, 양파를 다양한 요리에 활용하여 맛과 건강을 동시에 챙겨보는 것은 어떨까? 오늘 식탁에 양파를 더해 건강한 삶을 시작해보자.

양파 활용 방법

① 양파청국장: 혈전 용해작용과 혈관 내벽의 콜레스테롤 제거에 효과

적이다. 양파를 잘게 채 썰어 1시간 정도 놓아두었다가 생청국장과 섞은 후 간장으로 간을 맞춰 먹는다.

② 양파 된장절임: 혈관 노화 방지와 피로 해소에 도움을 준다. 양파뿐만 아니라 무, 오이 등과 함께 절여 먹으면 좋다.

③ 양파콩죽: 혈관건강, 고지혈증, 전립선 질환에 효과가 있다.

④ 양파 미역수프: 유방암 예방, 혈액 정화에 도움이 되며 뇌경색, 심근경색 예방에 효과적이다. 양파 1개, 마른미역 15g, 물 600㎖를 냄비에 넣고 강한 불로 끓인 후 국물만 걸러내어 하루에 약 200㎖ 정도 꾸준히 마신다.

비타민 C는 내가 최고!
브로콜리

브로콜리의 비타민 C 함량은 채소 중에서 최고 수준이다. 게다가 베타카로틴과 비타민 E까지 풍부하게 들어있고 비타민 U도 양배추보다 더 많다.

흥미로운 점은 브로콜리의 영양소들이 송이뿐만 아니라 잎과 줄기에도 고루 분포되어 있다는 것이다. 비타민 C, 베타카로틴, 설포라판 같은 좋은 성분들이 잎과 줄기에도 많다. 그래서 브로콜리는 버리는 부분 없이 전부 먹는 게 좋다.

브로콜리의 생김새를 보면 마치 우리 폐와 닮아있다. 그래서인지 브로콜리는 폐 건강에 정말 좋다. 특히 폐기관지 염증을 다스리는 데 효과적이다.

한의학에서는 브로콜리가 뇌를 맑게 해주는 효과가 있다고 한다. 실제로 브로콜리에 풍부한 인돌 성분은 치매의 원인으로 알려진 베타

아밀로이드의 축적을 믹고 배출을 놉는다.

브로콜리가 항암 채소로 유명한 건 설포라판 때문이다. 설포라판은 특히 브로콜리 싹에 많은데, 양배추나 케일보다 함유량이 더 많다. 설포라판은 우리 몸의 항산화 시스템을 총괄하는 Nrf2를 활성화시켜서 강력한 항암 작용을 한다. 그래서 전립선암이나 유방암, 폐암, 대장암 예방에 특히 좋다고 한다. 혈당 조절 효과도 있어 식사 전에 브로콜리를 먼저 먹으면 식후 혈당 상승을 막을 수 있다.

이 밖에도 브로콜리는 위궤양의 주범인 헬리코박터균을 억제하는 효과가 있고, 자폐 스펙트럼 장애에도 도움이 된다고 한다.

브로콜리를 조리할 때는 기름에 볶으면 비타민 A의 흡수율이 높아진다. 반면 물에 데치면 설포라판 같은 수용성 영양소가 손실될 수 있으

니 주의해야 한다. 가급적 살짝 쪄서 먹는 게 항암 효과를 높일 수 있는 방법이다.

브로콜리에는 글루코라파닌이라는 성분이 있는데 썰거나 씹으면 세포벽이 파괴되고, 그로 인해 미로시나아제라는 효소를 만나면 설포라판이 생성된다. 그래서 브로콜리를 먹기 전에 잘라서 1시간쯤 두었다가 조리하거나, 겨자, 무, 고추냉이 등 미로시나아제가 풍부한 식품을 섭취하면 설포라판 함량을 최대화할 수 있다. 참고로 장내 미생물에 의해서 설포라판의 생체이용률이 높아지므로 장내 미생물 관리가 중요하다.

브로콜리는 수확한 지 3일이 지나면 영양소가 많이 손실된다고 하니 되도록 신선한 브로콜리를 고르는 게 좋겠다.

브로콜리 활용 방법

① 브로콜리 양파 감자콩수프: 항암 작용을 한다.

② 브로콜리 순두부찌개: 항암 작용을 한다.

③ 브로콜리죽: 암세포 분열 억제, 암세포 자살유도 효능이 있으며 유방암, 대장암, 전립선암에 효과적이다. 브로콜리, 양파, 당근, 쌀, 참기름, 잣으로 죽을 끓여서 죽염으로 간을 하여 먹는다.

위궤양이나 위염에 특효!
감자

감자는 수분과 탄수화물이 풍부하며 칼륨, 인, 철 등의 무기질도 다량 함유하고 있다. 이렇게 다양한 영양소를 갖추고 있으면서도 칼로리는 밥의 1/2 수준이며 식이섬유가 풍부해 다이어트 식품으로 인정받고 있기도 하다.

위장 건강에 대한 감자의 효능은 특히 주목할 만하다. 위궤양이나 위염으로 고생하고 있다면 감자로 위 건강을 챙겨보는 건 어떨까? 또한 감자는 아트로핀과 같은 물질을 함유하고 있어 위경련을 진정시키는 작용을 한다.

감자에 풍부한 비타민 C와 판토텐산, 알칼로이드 배당체인 알파카코닌은 암세포의 증식을 억제하는 데 기여한다. 특히 점막에 생기기 쉬운 위암, 폐암, 유방암, 자궁암 등을 예방하는 데 도움이 된다. 그중에서도 비타민 C는 부신피질호르몬 분비를 촉진하여 스트레스 대응력을 높이고, 염증 완화와 두뇌 건강 증진에도 도움을 준다.

감자에는 칼륨도 정말 풍부하다. 이 칼륨 덕분에 감자는 혈압 조절에 아주 효과적이이다. 부종 개선에도 감자가 좋다. 몸에 과도하게 수분이 찬 사람은 감자를 먹으면 도움이 될 것이다.

이러한 다양한 효능으로 감자는 동맥경화, 고지혈증, 탈모, 고혈압, 천식, 무릎관절 문제, 간기능 저하, 변비, 스트레스 등 여러 건강 문제에 응용될 수 있다. 특히 식욕이 떨어지면서 소화가 잘 안되고 가슴이 답답하고 열감이 있으며 무기력한 사람의 기를 보충하는 데 활용하면 좋은 재료이다.

놀랍게도 감자는 유기 미네랄과 무기 미네랄 변환이 일어나는 유일한 식물이다. 감자를 삶으면 유기 미네랄이 무기 미네랄로 바뀌어 흡수가 잘 안 된다는 이야기다. 그래서 영양학적으로 감자는 생으로 먹는 것이 더 좋다.

생감자를 화상이나 상처에 사용하기도 하는데, 이는 감자의 항생 작용과 풍부한 효소가 피부 재생에 도움이 되기 때문이다.

감자는 대표적인 알칼리성 식품이므로 산성 식품인 육류와 어울리고 칼륨이 많으므로 소금과 함께 먹는다.

감자를 다루는 몇 가지 팁을 알아보자. 껍질을 벗긴 감자는 공기 중에 노출되면 쉽게 갈색으로 변한다. 이럴 때는 식초물이나 레몬을 띄운 물에 담가두면 감자의 색이 변하는 걸 막아줄 수 있다.

감자를 상자에 보관할 때는 사과를 한두 개 함께 넣어두자. 싹이 튼 감자는 독소가 생길 수 있어 위험한데 사과에서 나오는 에틸렌 가스가 감자의 발아를 억제해준다.

감자를 조리할 때는 껍질째 조리하는 게 영양소 파괴를 막을 수 있다. 감자 껍질에는 비타민과 미네랄이 풍부하게 들어있기 때문이다. 껍질이 싫다면 조리 후에 제거하는 방법도 있다.

감자샐러드, 감자수프, 감자볶음 등 어떤 감자 요리도 맛있지만 감자튀김은 자제하는 게 좋다. 기름에 튀기는 조리법은 감자의 영양은 파괴하고 열량만 높이기 때문이다. 건강을 위해선 찌개나 수프처럼 수분이 많은 요리에 활용하는 것을 추천한다.

감자 활용 방법

① 감자 딸기주스: 항산화 작용, 항염증 효과, 혈압 관리, 피부 건강, 소화 건강에 도움이 된다. 생감자 3개, 딸기 20개, 꿀 2큰술, 생수 2컵을 함께 갈아 마신다.

② 생감자 콩물: 위염, 관절염, 장점막누수증후군, 비만 등에 효과적이며 항염효과가 있다. 먹을 때 약간의 소금을 첨가하여 먹는다.

③ 토마토 감자수프: 식욕을 증진하고 위장을 튼튼하게 하여 인체를 윤택하게 한다.

④ 감자소고기 쌀죽: 식욕 저하, 쉽게 피로해지는 증상, 근육 무기력증에 효과를 볼 수 있다.

관절 건강엔
생강

생강은 탄닌산이 풍부하고 칼륨, 마그네슘, 철분, 비타민 B2, C, E를 함유한 영양가 높은 식재료이다.

이 작은 뿌리식물은 다양한 건강상의 이점을 제공한다. 먼저 소화 기능 개선에 있어 생강의 역할을 주목할 만하다. 생강 속 디아스타제와 단백질 분해효소는 소화액 분비를 자극해서 식욕을 높이고 장 운동을 활발하게 한다. 덕분에 메스꺼움이나 구토 같은 증상도 완화되고 멀미 예방에도 좋다. 또한 식이섬유가 풍부해 변비를 예방하는 데에도 효과적이다. 글루타치온이라는 해독 물질의 생성을 도와 우리 몸의 해독작용에도 한몫한다.

한의학에서는 생강이 몸의 찬 기운을 밖으로 내보내고 체온을 높여준다고 한다. 발한작용을 촉진해서 감기나 감염증 예방에 좋으며 찬 기운으로 기침이 나는 것도 막아준다.

생강의 진저롤과 쇼가올 성분은 혈전생성을 막고 혈관에 쌓인 콜레스테롤을 몸 밖으로 배출하는 것을 도와 혈액을 맑게 해주며 혈액순환이 잘 되도록 돕는다.

뿐만 아니라 살균 효과도 있어서 회를 먹을 때 곁들이면 식중독 예방에도 도움이 된다. 관절 통증을 완화해 주는 성분도 있어 관절염이나 류마티스 관절염으로 고생하는 사람에게 특효약이다.

심지어 생강은 항암 효과까지 있다. 암세포 증식을 억제하고, 특히 대장암이나 난소암 세포의 자살을 유도하는 효과가 있다는 연구 결과도 있다.

생강의 효과는 이게 다가 아니다. 적절한 자극을 통해 위액 분비를 촉진하고 장의 연동 운동을 증가시켜 소화를 돕고 변비를 예방한다. 또한 장내 이상 발효를 억제하는 효과도 있다. 수족 냉증, 생리통, 관절염, 류머티즘, 신경통 증세 완화에도 효과적이다.

생강 활용 방법

① 생강즙 + 무즙: 목이 쉬어 목소리가 잘 나오지 않을 때 효과적이다.

② 방탄수정과: 바이러스성 감기, 기침, 수족냉증, 신경통에 도움이 된다. 물 1ℓ에 생강 100g, 양파 껍질 20g, 양파 100g, 배 100g, 무 200g을 넣은 다음 30분간 끓인 다음 건더기를 건지고 계피 40g, 감초 8g을 넣어 30분 더 끓인 후 계피와 감초를 건져내 완성한다.

③ 생강파스: 통증 완화에 사용된다. 먼저 구운 생강을 갈아서 밀가루와 1:1 비율로 섞는다. 다음 온수로 반죽하고 깨끗한 거즈에 반죽을 싸서 평평하게 편 후 통증 부위에 붙여 사용한다.

④ 오종즙: 오래된 기침에 효과적이다. 생강즙, 무즙, 배즙, 벌꿀을 같은 비율로 혼합하여 숙성시켜 먹는다.

눈 건강부터 장 건강까지!
당근

당근은 '채소의 왕자'라고 불릴 만큼 영양가가 높은 채소이다. 큰 당근 1개만으로도 비타민 A의 일일 권장 섭취량의 200% 이상을 섭취할 수 있다. 뿐만 아니라 철분, 칼슘, 인 등의 무기질과 식이섬유도 골고루 들어있다.

당근 속 펙틴과 리그닌은 장 벽을 보호해 우리 장 건강을 지켜주는 역할을 한다. 그리고 루테인과 리코펜 성분은 눈 건강에 특히 좋다. 또한 칼륨, 칼슘, 식이섬유가 풍부해서 고혈압 관리와 동맥경화 예방에도 효과적이다. 당근을 하루 25g씩 먹으년 심장병 발생 위험이 32%나 감소한다는 해외 연구 결과도 있다.

한의학에서는 당근이 간 경락으로 들어가 간 기능을 살리고 혈액을 생성해 눈을 밝게 해준다고 한다. 몸속 독소 배출에도 좋아 옛날에는 구충제로도 사용되었다.

당근의 영양은 뿌리뿐만 아니라 잎에도 풍부하다. 당근 잎에는 혈액 응고를 도와 뼈를 튼튼하게 만드는 비타민 K가 풍부하다. 비타민 C는 뿌리의 5배, 칼슘은 3배나 더 많이 함유되어 있다.

당근을 먹을 때는 사과와 함께 주스나 수프로 먹으면 더 좋다. 당근과 사과의 조합이 동맥경화 같은 심혈관 질환 예방에 효과적이기 때문이다. 또한 위가 약해서 사과를 먹으면 설사를 하는 사람도 당근과 함께라면 부담 없이 먹을 수 있다.

당근에는 비타민 C를 파괴하는 효소가 있지만 열에 약해서 익히면 파괴될 수 있다. 식초와 함께 먹어도 이 효소의 작용이 억제된다. 사과나 마늘처럼 비타민 C가 풍부한 식품과 함께 먹는 것도 좋은 방법이다. 또한 생으로 먹는 것보다 기름에 살짝 볶아 먹는 게 영양소 흡수에 더 좋다.

이 밖에도 당근은 강심, 항염, 항알러지 작용과 함께 신진대사 조절 기능이 있어 고혈압, 고지혈증, 동맥경화증, 당뇨병, 알레르기, 안구건조, 소화불량, 변비, 피부질환 등 다양한 건강 문제에 도움을 줄 수 있다. 더불어 암 예방에도 효과를 볼 수 있다.

당근 활용 방법

① 쌀겨 당근장아찌: 시력 개선, 폐기능 활성화, 면역력 향상에 효과적이며 과민성대장염, 감기 치료와 식도암, 대장암 예방에도 도움이 된다. 만드는 방법은 먼저, 쌀겨 1kg당 소금 100g 비율로 끓인 소금물과 쌀

겨를 혼합하여 반죽을 만든다. 다음 당근을 적당한 크기로 자르고 약
간의 소금을 뿌려 1~2시간 절인다. 절인 당근을 쌀겨 반죽에 넣고 뚜
껑을 덮는다. 그리고 실온에서 1~3일간 발효시키되, 매일 저어주어 균
일하게 발효되도록 한다.

② 당근 사과주스: 영양 관리, 눈 건강에 좋으며 항산화 작용, 소화 개선,
심혈관 질환 예방, 면역력 증진에 도움이 된다.

③ 고구마 당근죽: 면역력 강화, 에너지 공급, 피부 및 눈 건강, 소화기 건
강에 좋다. 고구마, 당근, 양배추, 쌀, 쇠고기로 죽을 끓인다.

뿌리식물의 왕
무

한국 주방에서 빼놓을 수 없는 식재료, 무는 시원한 국물 요리부터 아
삭한 반찬까지 다양하게 활용되며 우리의 식탁을 풍성하게 만들어준
다. 그러나 무는 단순히 맛을 내주는 식재료가 아니다. 무의 건강 효
능은 알면 알수록 놀랍다.

무엇보다 비타민 C, 식이섬유, 칼륨, 칼슘 등 풍부한 영양소를 함유하
고 있다. 특히 무 잎에 풍부한 카로틴은 점막 건강을 증진시키고, 겨
울철 감기 증상인 지속적인 가래와 기침 증상을 완화하는 데 도움을
준다.

무 껍질은 속살보다 비타민 C 함량이 2배나 높아 강력한 항산화 작용
을 하며, 이는 면역력 강화와 피부 건강 유지에 도움을 준다. 또한 루
틴 성분은 모세혈관을 강화하고 혈액순환을 개선하여 혈압 조절에
도움을 준다. 무에 함유된 칼륨 역시 혈관을 확장시키고 나트륨 배출
을 촉진하여 고혈압 예방과 심혈관 건강 유지에 중요한 역할을 한다.

무를 자주 섭취하면 자연스럽게 심혈관 건강도 챙길 수 있는 것이다. 무에 풍부한 아밀라아제와 디아스타제 같은 소화효소는 소화 기능을 개선하고 위장 건강을 증진시킨다. 또한 풍부한 식이섬유는 당 흡수를 지연시켜 급격한 혈당 상승을 막아주고 변비를 예방해준다. 수분이 많고 열량이 낮아 포만감을 주면서도 체중 관리에 도움이 되는 천연 다이어트 식품이기도 하다.

무 특유의 매운맛을 내는 유황화합물은 체내 독소 제거를 돕고 항염증 효과가 있어 염증을 완화한다. 또한 무가 함유하고 있는 글루코시놀레이트 성분은 암 세포 성장 억제에 도움이 될 수 있다.

무는 소염 작용과 함께 냉각 효과가 있어 코막힘, 기침, 가래 등 감기 초기 증상 완화에도 도움을 준다.

김치부터 시작해서 국, 찌개, 볶음 등 무를 활용한 요리는 셀 수가 없을 정도로 많다. 그냥 생으로 깨끗이 씻어서 먹어도 맛있고, 살짝 데쳐서 무침으로 먹어도 별미이다.

무를 요리할 때는 껍질에 영양소가 많으니 두껍게 벗기지 말자. 얇게 벗기거나 껍질째 먹으면 좋다.

무 활용 방법

① 무꿀즙: 인후염, 비염, 기침, 소화불량, 숙취 해소, 변비에 좋다. 무를 강판에 갈아 병에 넣고 꿀을 충분히 넣은 다음 뚜껑을 덮고 재워 둔다.

② 시래기 무밥(243쪽 참고): 소화기능을 개선한다.

③ 무생강즙: 무즙에 생강즙을 약간 혼합해서 먹으면 목소리가 잘 나온다.

④ 무연근즙: 코피, 객혈, 치출혈이 있을 때 먹으면 도움이 된다.

식이섬유가 풍부한 다이어트 도우미
무청

무청은 영양의 보물창고나 다름없다. 식이유황, 철분, 칼슘, 비타민 A, C, B1, B2, D 등 무청 하나에 이 좋은 성분들이 다 들어있다. 또한 베타카로틴과 아릴겨자유, 식이섬유, 클로로겐산 같은 성분도 풍부하다. 특히 비타민 C, 식이섬유, 칼슘, 칼륨, 엽산 등의 함량을 보면 의외로 무 뿌리보다 무청이 더 높다. 무청의 식이섬유는 건조 시 3~4배로 증가하여, 시래기 형태로 섭취하면 배변 활동과 다이어트에 더욱 효과적이다. 또한 당뇨병 예방과 담즙 배출에도 도움을 준다.

무청의 칼슘 함량은 무 뿌리보다 10배나 많다. 비타민 D도 풍부해서 뼈를 튼튼하게 하고 골다공증 예방에 좋다. 철분도 다량 들어있어 빈혈 예방에 좋고, 줄기세포 생성에도 도움을 준다. 한방의 사물탕처럼 조혈제 역할을 하는 것이다.

무청의 해독 작용과 항암 작용도 주목할 만하다. 인돌류와 이소티오시아네이트 같은 암을 억제하는 성분 역시 무 뿌리보다 무청에 더 많이 들어있다. 활성산소를 제거하는 효과도 있어서 간암, 위암, 폐암, 췌장암, 유방암, 결장암 등을 예방하는 데 도움이 된다.

또한 무청은 빈혈, 위궤양 치료, 장 기능과 지질대사 개선, 심혈관 질환 예방에 도움을 준다. 목소리가 잘 나오지 않거나 가슴 부위가 답답하고 딸꾹질이 날 때도 효과적이며, 발암 물질 해독에도 도움이 된다.

무청은 자연 소화제로, 소화 기능을 개선할 뿐만 아니라 이뇨작용도 한다. 또한 폐열과 대장의 열을 내려주는 작용도 한다. 화농성 염증에도 효과가 있는데 민들레와 함께 먹으면 효과가 더 좋아진다.

무청을 고를 때는 잎이 단단하고 광택이 나는 것을 고르는 것이 좋다. 시든 잎은 영양소가 파괴되었을 수 있기 때문이다. 조리할 때는 삶아서 먹는 것보다 살짝 데쳐서 먹는 게 좋다. 오래 익히면 영양소가 파괴될 수 있다. 그래서 무청 나물이나 무청 볶음처럼 살짝만 익혀 먹는 걸 추천한다.

장 건강의 수호자
우엉

우엉에는 당질, 칼륨, 아연 같은 무기질부터 비타민 B2, 비타민 E까지 영양소가 풍부하게 들어있다. 특히 우엉에 풍부한 이눌린이라는 성분은 혈당을 조절하는 데 탁월하다.

우엉을 썰 때 나오는 끈적끈적한 액체는 바로 리그닌이라는 성분이다. 리그닌은 암세포 발생을 억제하는 효과가 있음이 밝혀져 주목을 받고 있다.

식이섬유가 풍부한 우엉은 배변 활동과 장내 유익균의 증식을 도와 장건강을 좋게 한다. 또한 우엉의 올리고당은 비피더스균의 증식을 촉진하여 장내 환경을 개선한다. 이는 변비 해소에 도움을 줄 뿐만 아니라 다이어트 효과도 기대할 수 있게 한다. 또한 당뇨병 관리와 신장 건강 증진, 이뇨 작용 촉진에도 도움을 준다.

우엉 껍질에도 좋은 성분이 있는데, 바로 사포닌이다. 사포닌은 콜레스테롤 수치를 낮추는 역할을 한다.

아르기닌이라는 성분도 우엉의 자랑거리이다. 아르기닌은 우리 혈관을 확장시켜서 혈액순환을 개선하는 데 일등공신이다. 암세포를 사멸시키는 효과가 있는 악티게닌이라는 성분도 들어있다. 특히 췌장암을 억제하고 췌장염을 다스리는 데 효과적이다. 또한 우엉에는 이눌린이 풍부해서 혈당을 조절하는 효과가 크다.

우엉의 해독 작용도 주목할 만하다. 체내 독소를 분해하고 배출하는 기능과 함께 항염, 살균 작용을 가지고 있어 구내염, 편도선염, 잇몸염증, 피부염 등 다양한 염증성 질환에 응용될 수 있다. 마치 청소부처럼 우리 몸속을 말끔히 청소해주는 것이다.

우엉을 삶을 때 간혹 파랗게 변색되는 경우가 있는데, 우엉에 풍부한 미네랄과 안토시아닌 색소의 반응으로 인한 것이다. 이는 인체에 무해하므로 염려할 필요가 없다.

우엉 활용 방법

① 우엉탕: 우엉 300g, 표고버섯 10개, 미나리 50g, 다시마 10x10cm 1장, 들깻가루 1컵, 죽염 약간으로 탕을 만들어 마신다.

② 우엉차: 구내염, 편도선염, 잇몸염증, 피부염, 땀띠, 습진, 치질에 좋으며 항암에 도움이 된다.

③ 우엉즙: 우엉을 강판에 갈아 그 즙을 먹으면 목이 답답하고 염증이 있을 때 도움이 되며, 외용제로 통증과 염증이 있는 부위에 바르면 열을 내리고 고름을 빨리 삭히는 작용을 한다.

④ 우엉초절임: 피로해소, 고혈당에 도움이 되며 다이어트에 좋다.

천연 항생제
민들레

민들레는 정말 생명력이 강한 식물이다. 어디서든 잘 자라고 적응력도 높다. 그래서 민들레를 보면 '저렇게 작은 풀이 어떻게 저런 힘이 있을까?' 하는 생각이 들곤 한다.

민들레에는 비타민과 미네랄이 아주 풍부하다. 비타민 A, C, K는 물론이고 비타민 B군까지 골고루 들어있다. 여기에 베타카로틴, 루테인, 제아잔틴 같은 항산화 물질과 이눌린, 실리마린 같은 좋은 성분들까지 가득하다.

민들레의 효과를 보면, 셀 수 없을 정도이다. 간과 신장의 열을 내려주고 기능을 회복시켜 최고의 간 기능 회복제로 꼽히며, 고혈압 개선에도 도움을 준다. 특히 민들레의 청열해독 작용과 해열작용은 마치 천연 항생제 같다. 염증으로 열이 나 고생할 때는 민들레를 떠올려보자. 항암 작용도 뛰어나 전립선암, 유방암, 위암, 폐암 등의 암과 용종에 효과가 있다고 알려져 있다. 더불어 류마티스 관절염이나 건선 같은 자가면역질환에도 도움이 된다.

민들레의 항염 작용은 위궤양이나 위염, 유선염, 기관지염 같은 염증성 질환에 특효이다. 당뇨로 혈당이 걱정된다면 민들레의 인슐린 저항성 개선 효과를 주목해보자.

이 밖에도 민들레는 항균, 항바이러스 작용을 하며 갱년기 장애 완화, 녹내장 예방, 눈 건강 증진, 불면증 개선에도 좋다. 민들레에 함유되어 있는 콜린은 간장에 지방이 쌓이지 않도록 막아주며 담즙 분비를 촉진해서 소화를 돕는다. 또한 대소변을 시원하게 보게 해주는 것도 민들레의 자랑이다.

민들레를 생으로 먹으면 쓴맛이 느껴질 수 있다. 이럴 땐 다른 채소와 함께 샐러드로 만들거나 쌈으로 먹는 것도 좋은 방법이다. 또한 데쳐서 나물로 먹거나 김치를 담가 먹어도 좋다.

민들레 뿌리는 볶아서 커피 대용으로 마시기도 하는데 구수한 맛이 일품이다.

민들레 활용 방법

① 민들레차: 소염 작용을 하며 위와 장 건강에 도움이 된다. 부종 완화,

식욕 증진에 효과를 볼 수 있으며 관절염, 천식, 유선염, 간염, 간경화, 간암, 전립선암, 유방암, 폐암 등에 좋다. 민들레의 뿌리와 잎 모두를 사용해 차를 만든다.

신장 지킴이
수박

여름이 오면 시원하고 달콤한 수박이 생각나게 마련이다. 그런데 시원하고 맛있는 건 알아도 우리 건강에 좋은 효과가 많다는 사실을 아는 사람은 많지 않다.

먼저, 수박씨에는 '아르기닌'이라는 아미노산이 아주 풍부하다. 이 아르기닌은 우리 몸에서 일산화질소(NO)를 생성시켜 혈관을 확장시키는 역할을 한다. 그 결과로 혈압을 낮추고 혈액순환을 개선하는 데 도움이 되며 심장병이나 동맥경화 예방에도 효과가 있다고 한다.

그리고 수박 과피, 그러니까 속살 바로 안쪽의 하얀 부분에는 '시트룰린'이 많이 들어있다. 시트룰린은 아르기닌으로 전환되는 물질이다. 이것 역시 혈관 건강에 아주 좋다. 운동선수들이 수박을 많이 먹는 이유 중 하나가 바로 이 시트룰린 때문이다. 근육 피로 회복에 도움이 되기 때문이다. 이 아르기닌과 시트룰린은 이뇨작용을 하여 몸의 열을 낮추고 간에 작용하여 알코올 분해효소 생성을 촉진한다.

수박의 빨간 과육에는 '라이코펜'과 '베타카로틴'이 풍부하다. 이 둘은 강력한 항산화 물질로 잘 알려져 있다. 노화를 막고 각종 질병을 예방하는 데 도움을 준다는 얘기다. 특히 라이코펜은 전립선암이나 유방암 예방에 좋다.

수박에는 칼륨도 아주 풍부하다. 칼륨은 나트륨을 배출시키는 역할

을 하기 때문에, 혈압 관리에도 효과가 있다. 또 이뇨작용도 있어 몸에 쌓인 독소를 배출하는 데도 도움이 된다. 그래서 수박은 신장결석, 부종, 방광염 같은 증상에 효과가 있다.

수박을 먹는 방법에 대해 몇 가지 알아보자. 수박을 간장이나 소금과 함께 먹으면 신장에 부담이 덜하다. 또한 수박의 라이코펜을 잘 흡수하려면 생으로 먹는 것보다 익혀 먹는 게 좋다.

수박 활용 방법

① 수박즙: 혀에 침이 마르고 가슴이 답답하며 갈증이 심할 때 도움이 되며 불면증, 구내염, 부종에 좋다. 말이 잘 나오지 않을 때도 도움이

된다. 속이 붉게 잘 익은 수박을 즙을 내서 자주 마신다.

② 수박 율무(녹두)죽: 여름철 습열을 없애고 소변을 시원하게 볼 수 있도록 돕는다. 율무(또는 녹두) 250g을 삶아 믹서로 갈고 수박 속 1,500g을 혼합하여 수시로 먹는다.

③ 수박 마늘탕: 전립선 질환이나 신장염, 방광염, 고혈압, 부종, 간염, 간경화의 복수에 사용한다. 수박 1통(껍질 포함)에 마늘 100g을 넣고 끓여서 탕으로 만들어 수시로 음용한다. 토마토를 적당량 추가해도 좋다.

④ 수박씨차: 수박씨를 모아서 깨끗이 세척한 후 물기를 제거하고, 냄비에 넣어 살짝 볶아서 진하게 끓여 먹는다. 오래된 가래나 기침, 잇몸 출혈이나 잦은 코피에 도움이 되며 장이 건조하지 않고 윤기가 돌도록 하여 변비에 도움을 준다. 고혈압, 급성방광염에도 효과가 있다.

강력한 항산화제
사과

흔히 '아침에 사과 하나는 보약'이라고들 한다. 정말인지 따져보자. 사과는 식이섬유가 풍부해서 소화와 배변활동을 도와준다. 특히 사과에 들어있는 수용성 펙틴과 불용성 리그닌, 셀룰로오스 같은 식이섬유는 변비 예방에 효과적이다.

해독 작용도 뛰어난데, 사과에 함유된 펙틴은 중금속을 흡착하거나 독성 무기물과 결합하여 체내 흡수를 저해한다. 특히 납의 흡수를 막고 체외 배출을 돕는다. 또한 콜레스테롤 수치를 낮추고 혈당을 조절하는 데에도 도움을 준다.

사과의 붉은 빛깔을 내는 안토시아닌이라는 색소는 강력한 항산화물질로 우리 몸속에서 활성산소를 제거하는 데 큰 역할을 한다. 사과에 풍부한 비타민 C도 항산화 작용을 하므로 사과를 자주 먹으면 노화를 예방하는 데 도움이 된다.

사과 껍질에는 안토시아닌과 퀘르세틴이, 과육에는 카테킨과 프로시아니딘이라는 항산화 물질도 들어있다. 이 성분은 우리 몸을 산화 스트레스로부터 보호한다. 또한 사과에는 칼륨이 많이 들어있어서 혈압을 낮추는 데 효과가 있다.

사과 활용 방법

① 사과 토마토주스: 위염, 고혈압에 좋으며, 다이어트와 장 건강에 도움이 된다. 항암 작용 또한 기대해볼 수 있다.

② 사과 연근 토마토수프: 진액 손상으로 열감을 느낄 때나 마른기침을 할 때 먹으면 좋다. 비만, 치질에 도움이 되며 항암 작용을 기대할 수 있다.

혈관 건강과 마음 건강에는
바나나

바나나에는 올리고당과 식이섬유가 많이 들어있어 장내 유익균을 활성화시키고 변비를 예방해준다. 또한 과일 중에서 항산화 작용이 가장 뛰어나다고 할 만큼 폴리페놀 함량이 높아 노화를 예방하고 면역력을 높이는 데에 도움이 된다. 또한 바나나는 에너지 전환이 빠른 천연 당분과 전해질을 제공하여 허약한 사람들의 기력회복을 돕고 운동 중 에너지를 공급하며 운동 후에 근육이 회복되는 것을 돕는다.

칼륨도 풍부해 우리 몸의 혈압을 조절하는 역할을 한다. 또한 바나나에 포함된 트립토판은 세로토닌 생산을 촉진하여 기분 개선, 스트레스 감소, 우울증 완화에 효과가 있으며, 저녁에는 멜라토닌으로 전환되어 숙면을 취하는 데 도움을 준다.

이 외에도 정말 다양한 생리활성 물질들이 들어있다. 바나나의 페놀류, 카로티노이드, 생체 아민, 파이토스테롤 같은 성분들이 우리 몸을 여러 종류의 산화 스트레스로부터 보호해준다.

산화 스트레스는 무엇일까? 활성산소가 우리 몸에 쌓이면서 세포를 손상시키는데 이것을 산화 스트레스라고 한다. 이는 노화나 각종 질병의 원인이 되기도 한다.

이 외에도 바나나는 돌연변이를 막아주는 항돌연변이 효과, 암세포 증식을 막아주는 항암 효과, 세포를 보호하고 치료하는 효과를 가지고 있다.

이눌린, 올리고과당, 락툴로오즈, 저항성 전분 같은 성분들도 함유하고 있는데, 흥미로운 건 이 성분들이 우리 소장에서는 잘 소화되지 않는다는 것이다. 그래서 유산균의 일종인 비피도박테리움에 의해 발효되어 결장까지 그대로 내려간다. 그 결과 장내 환경이 좋아지고, 유익균이 더 많이 늘어나게 되는 것이다.

또한 바나나는 우리 몸의 면역력을 높이고 단백질 합성을 도와주는 영양소인 비타민 B6도 함유하고 있다.

바나나 활용 방법

① 바나나조청범벅: 원기회복, 식욕증진, 우울증, 불면증에 좋다. 바나나를 끓인 후 믹서로 갈아 수프로 만든 다음, 쌀조청과 혼합하고 약간의 간장을 첨가하여 먹는다.

② 과채수프: 항산화 작용으로 암을 예방하고 발암물질을 해독하는 데 도움이 되며 장내 환경을 개선하여 면역력을 향상시킨다. 사과, 바나나, 브로콜리, 토마토를 같은 무게 비율로 냄비에 넣고 끓인 다음 믹서로 갈아 수프로 만들어 먹는다.

천연 항생제
표고버섯

표고버섯은 송이, 능이와 함께 3대 버섯으로 꼽힐 만큼 맛도 뛰어나고 영양도 풍부하다. 말려서도 사용하는데, 영양면에서는 생표고보다 건표고가 영양성분이 더 높아 건표고를 자주 활용하는 게 좋겠다. 말리는 과정에서 비타민 D가 증가하고 향미도 더 풍부해진다.

표고버섯은 채소류와 육류의 장점을 동시에 지닌 영양덩어리라 할 수 있다. 무엇보다 단백질, 칼륨, 인, 철, 마그네슘 같은 무기질이 풍부하다. 비타민 B군도 다량 함유되어 있는데 버섯 중에서는 비타민 B1, B2, 니아신 함량이 가장 높다. 또한 식이섬유가 많고 칼로리는 낮아 다이어트 식단에 활용하기에도 안성맞춤이다.

표고버섯의 또 다른 주목할 만한 특징은 항암 효과와 면역력 증진이다. 갓에 들어있는 베타글루칸과 렌티난이라는 다당체 성분이 면역력을 높이고 항암 작용을 한다. 렌티난은 인터페론 생산을 촉진하여 면역력을 증진시키며, 항암제 치료의 부작용을 줄이고 피로를 완화하여 암 환자의 생존율 향상에도 기여한다. 또한 습한 환경에서 번식하기 쉬운 세균과 바이러스의 침입을 막아 전반적인 면역 체계를 강화하며 만병의 근원인 스트레스를 해소하는 데도 도움을 준다.

표고버섯에 들어있는 에리타데닌은 콜레스테롤을 45%나 낮추는 효과가 있으며 혈당 조절에도 도움을 준다. 또한 표고버섯의 붉은 색소는 자율신경을 안정시키는 역할을 한다. 특유의 향이 나는 것은 렌티오닌 성분 때문인데, 이 성분은 정신을 맑게 하고 소화기관을 튼튼하게 해준다. 그래서 위 기능이 약해졌을 때나 식욕이 저하되어 피로하고 무기력할 때 표고버섯국을 끓여 먹으면 좋다.

표고버섯을 고를 때는 표면에 균열, 즉 화고가 있는 걸로 고르자. 더 좋은 품질의 표고버섯을 고르는 방법이다. 말린 표고는 미지근한 물에 설탕을 살짝 넣고 불리면 더 맛있게 먹을 수 있다. 만약 오래 보관하고 싶다면 갓과 기둥을 분리해서 잘게 썰어 말리는 게 좋다. 그러면 곰팡이도 생기지 않고 쉽게 상하지 않는다. 표고버섯의 다당체는 가열해도 효과를 유지하므로 기호에 맞게 다양한 방법으로 조리해서 먹으면 된다.

표고버섯 활용 방법

① 표고버섯차: 목감기, 바이러스성 감기, 자궁출혈, 치출혈, 백혈구감소증에 좋다. 또한 다이어트와 간기능 개선에도 도움이 된다. 말린 표고버섯을 물 500~600㎖에 넣고 반으로 졸아들 때까지 약한 불로 끓여서 1일 3회 음용한다.

② 표고버섯 마늘볶음: 천연항암제라 불릴 만큼 항암 효과를 기대할 수 있는 음식이다.

③ 표고버섯초절임: 고혈압, 고지혈증에 좋다.

필수아미노산 종합선물세트
새송이버섯(큰느타리버섯)

새송이버섯에는 단백질, 칼륨, 인, 비타민 B2, 니아신, 식이섬유가 풍부하다. 또한 칼로리가 낮고 수분과 식이섬유가 많아 포만감이 커서 다이어트할 때 먹기 좋다.

새송이버섯에는 비타민 B2, 티로시나아제, 엽산도 풍성하게 함유되어 있다. 베타글루칸도 풍부해서 우리 몸의 면역세포를 활성화시켜준다. 우리 몸에 필요한 필수아미노산 10종 중에 9종이나 새송이버섯에 들어있다고 하니 아미노산을 함유한 대표 식재료라고 해도 손색이 없을 정도이다. 칼슘, 철분 같은 무기질 함량도 다른 버섯들보다 훨씬 높다. 비타민 C 함량도 다른 버섯에 비해 아주 많은 편이다. 느타리버섯의 7배, 팽이버섯의 무려 10배나 된다고 한다. 게다가 다른 버섯에는 없는 비타민 B6까지 들어 있으며 빈혈 치료에 좋다는 비타민 B12도 함유되어 있다.

새송이버섯은 항산화, 항암 작용도 하지만 정장 작용도 한다. 정장 작용은 외부로부터 들어온 세균들의 증식을 막아주어 장 환경을 깨끗하게 유지시키는 작용이다.

육류와 함께 먹으면 더 좋은데, 버섯의 식이섬유가 육류의 지방을 흡수해서 몸의 부담을 덜 수 있기 때문이다.

새송이버섯 활용 방법

① 모듬버섯밥: 면역력 강화, 뼈 건강, 항염 작용, 변비 예방에 도움이 되며 항산화 작용 효과가 있는 균형 잡힌 영양식이다. 쌀, 표고버섯, 새송이, 느타리버섯, 콩, 톳으로 밥을 지은 다음 양념간장을 넣어 비벼 먹는다.

② 모듬버섯 해물탕: 면역을 올리고, 장 건강을 유지하는 데 도움이 된다. 항암 효과도 기대해볼 수 있다. 멸치육수, 표고버섯, 새송이버섯, 느타리버섯, 팽이버섯, 애호박, 두부, 대파, 들깻가루, 죽염, 후춧가루로 만든다.

콜레스테롤 관리와 뼈 건강에는
미역

미역의 영양성분을 들여다보면 식이섬유가 무려 30~40%나 차지하고 있다. 또한 미끈미끈한 식감을 내는 성분인 알긴산이 풍부하다. 이 알긴산은 수용성 식이섬유인데, 우리 장 속에서 콜레스테롤 흡수를 억제하는 역할을 한다. 그래서 혈중 콜레스테롤이 높은 사람에게 미역이 좋은 식재료가 된다.

칼슘과 비타민 K도 다량 포함되어 있어, 수유 중인 산모가 섭취하면 이러한 영양소가 모유를 통해 아기에게 전달되어 골격 형성과 치아 발달에 도움을 준다. 성인의 경우에도 이러한 영양소는 골다공증 예방에 도움을 준다.

특히 미역의 생식기관인 '미역귀'에는 알긴산과 푸코이단이 풍부하게 들어있는데, 이 성분들은 정상 세포에는 영향을 미치지 않으면서 암세포의 자멸을 유도하는 특성이 있어, 일주일에 2~3회만 섭취해도 항암 효과를 기대할 수 있다.

미역에는 비타민 A, C, K와 칼슘, 철분, 요오드 등 다양한 비타민과 미네랄이 함유되어 있어 신진대사를 활성화시킨다. 미역의 풍부한 식이섬유와 항산화 물질은 변비 해소에 특효가 있으며, 심혈관 건강 증진에도 도움을 준다. 또한 니코틴이나 중금속과 같은 독소를 체외로 배출하는 데에도 효과적이다.

미역 활용 방법

① 미역청포무침: 심혈관 질환, 골다공증, 변비에 도움이 되며 중금속 해독, 체중 관리에도 효과적이다. 불린 미역 1컵, 청포묵 1/2모, 양파 1/4개, 피망 1개, 식초 약간으로 만든다.

⑦ 미역 콩나물무침(미역설치): 혈액순환 개선, 중금속 해독, 간 기능 회복에 효과가 있으며 빈혈, 자궁경부암, 골다공증에 도움이 된다. 미역, 콩나물, 쌀뜨물, 멸치장국 국물(멸치·다시마·물), 된장, 다진 파와 마늘, 소금, 참기름, 깨소금 약간을 넣어 만든다.

진시황제도 좋아한 바다의 불로초
다시마

나시마는 지구상의 동식물 중 가장 다양하고 풍부한 유기질과 무기질 영양소를 함유한 신비의 해조류이다. 칼로리가 거의 없으면서도 각종 미네랄이 풍부해 저칼로리 다이어트 식재료로 인기가 높다.

다시마의 효능은 다양하고 광범위하다. 일단 혈관 노화 방지, 혈액 내 지방 및 염분 배출 촉진, 고혈압과 동맥경화 억제 등에 도움을 준다. 특히 알칼리성 무기질이 풍부해 육류 등 산성 식품과 함께 섭취하면 효과적이다.

다시마에 풍부한 식이섬유는 건강한 장 기능 유지와 원활한 배변 활동에 중요한 역할을 한다. 변의 양을 증가시키며 대장 운동을 원활하게 하여 배변을 용이하게 하는 것이다. 또한 급격한 혈당 상승을 억제하는 효과도 기대할 수 있다.

다시마는 해조류 중에서도 아연과 요오드 함량이 특히 높다. 이 두 성분은 세포의 생성과 성장에 관여하며 신진대사를 활성화한다. 요오드는 갑상선호르몬 생성에 필수적인 요소로, 체온 조절과 에너지 생산에 중요한 역할을 한다. 앞에서 살펴봤듯이 갑상선호르몬은 우리 몸의 신진대사를 활발하게 하여 체온과 에너지를 생산하게 하는 호르몬이다. 그래서 다시마를 자주 먹으면 우리 몸의 에너지 생산이 원

활해진다.

다시마에는 베타글루칸과 후코이단이라는 성분도 풍부한데 이 성분들이 암세포의 성장을 막아주고 면역력을 높여준다.

다시마를 먹다 보면 국물이 미끈거리는 걸 느낄 수 있는데 그 성분이 바로 알긴산이다. 이 알긴산은 중금속을 체외로 배출시켜 해독을 돕는 작용을 한다.

다시마는 혈액을 정화하고 신진대사를 촉진하는 효과가 있어 혈중 콜레스테롤을 낮추고 혈전 형성을 막아준다. 담이 몰려서 뭉친 것을 유연하게 흩어트리고 부종을 없애는 데도 효과가 있다. 또한 칼슘이 풍부해 뼈 건강에도 좋다.

다시마 활용 방법

① 구운 다시마분말: 치주염과 구내염에 바르면 도움이 된다. 다시마를 쿠킹포일에 싸서 프라이팬에 놓고 검은색이 날 때까지 구워 분말로

만든 다음, 다시마 분말 양의 1/3 정도의 죽염을 혼합하여 만든다.

② 다시마청국장: 신진대사를 원활하게 하며 혈액을 정화하고 고혈압, 고지혈증, 변비, 다이어트, 골다공증, 갱년기증후군, 전립선 건강에 도움이 된다. 생청국장 50g에 깨끗이 닦은 마른 다시마 5g을 가위로 잘게 잘라서 청국장과 잘 혼합하여 용기에 담은 다음 랩으로 덮어 숙성시킨다.

③ 다시마죽: 만성기관지염, 부종, 관상동맥 질환, 고혈압, 비만에 좋다. 다시마 100g, 멥쌀 100g, 녹두 50g으로 죽을 쑤어 먹는다.

굿바이 빈혈
파래

파래는 빈혈 예방에 탁월한 해조류로, 헤모글로빈 생성에 필수적인 철분이 풍부하게 함유되어 있다. 그래서 파래를 자주 먹으면 빈혈 예방에 큰 도움이 된다. 또한 플랑크톤, 비타민 C와 베타카로틴과 같은 항산화 성분이 풍부하여 세포 손상을 예방하고 피부의 노화를 막는 데 효과적이다.

파래의 가장 주목할 만한 특징 중 하나는 비타민 U의 높은 함량이다. 비타민 U는 위점막을 보호하고 치유하는 데 도움을 주는 비타민으로, 파래에는 양배추의 70배나 함유되어 있다. 또한 칼슘과 비타민 K가 풍부해 뼈 건강 유지와 골다공증 예방에 기여하며 식이섬유는 대장의 연동운동을 촉진하고 신경을 안정시키는 역할을 한다.

흡연자들에게도 파래는 반가운 존재이다. 파래에 함유된 메틸메치오닌은 담배의 니코틴 독성을 해독하여 체외 배출을 돕고 간 기능을 개선하는 효과가 크다. 피부 건강에도 이로워 아토피, 과민성 피부염 완화에 도움을 주며, 피부 탄력 유지에도 한몫한다.

놀라운 점은 파래가 영양학적으로 미역을 여러 면에서 앞선다는 사실이다. 마그네슘은 3배, 엽산은 1.5배나 더 많이 함유하고 있어 영양의 보고라 해도 과언이 아니다.

파래 활용 방법

① 파래분말: 파래와 멸치, 보리새우, 참깨나 들깨 등을 분쇄기에 넣고 함께 갈아서 밥이나 나물을 무칠 때 넣어 먹으면 맛도 좋고 건강에도 좋다.

② 파래김치: 간기능 회복, 변비 해소, 다이어트, 니코틴 해독, 피부 미용에 좋다. 생파래에 채를 썬 무와 죽염, 파, 마늘, 고춧가루 등의 양념을 넣고 버무려서 숙성시킨다.

③ 파래죽: 위염, 간기능 개선, 피부질환에 좋다. 파래 200g, 쌀 1컵, 물 6컵, 조갯살 100g, 참기름 약간, 소금 약간으로 죽을 만들어 먹는다.

타우린과 철분이 듬뿍!
바지락 .

바지락에는 무기질이 아주 풍부하다. 칼슘, 아연, 철분, 마그네슘 등 우리 몸에 꼭 필요한 미네랄이 골고루 들어있다.

특히 조혈 작용을 하는 철분이 많은 것은 바지락의 자랑이다. 또한 철분과 함께 비타민 B12도 함유하고 있어, 이 두 영양소의 시너지 효과로 빈혈 예방에 탁월한 효과를 보인다.

간 건강 증진에 있어서도 바지락의 역할은 중요하다. 필수아미노산인 메치오닌과 함께 간의 지방 축적을 막아주는 베타인, 그리고 타우린이 풍부하게 함유되어 있어 간 기능을 강화하고 콜레스테롤 배출을 돕는다. 또한 담석증에도 효과가 있다.

바지락의 효능은 여기서 끝이 아니다. 바지락에 들어있는 불포화지방산은 몸속 나쁜 콜레스테롤 수치를 낮추고 동맥경화를 예방하는 데 일조한다.

바지락을 해감할 때는 바닷물 농도인 2~3% 정도의 소금물에 담가 서늘하고 그늘진 곳에 두어야 한다.

바지락 활용 방법

① 바지락 미나리탕: 간기능 회복, 숙취 해소에 좋으며 담석증, 당뇨, 부종에 도움이 된다. 냄비에 물 6컵을 부은 다음 바지락 400g을 넣고 끓이다가 다진 마늘 1/2큰술을 넣은 후 대파 1대와 청양고추 1개를 썰어 넣고, 죽염으로 간을 맞춘다. 끓으면 적당한 크기로 자른 미나리를 넣고 한소끔 끓여 완성한다.

② 바지락 마늘탕: 간기능 회복에 도움이 되며, 당뇨, 근육 질환, 잇몸염증에 좋다.

밭에서 나는 고기
대두

대두는 '밭에서 나는 고기'라고 불릴 정도로 양질의 단백질이 풍부한 식품이다. 단백질 외에도 9종의 필수아미노산을 고루 갖추고 있으며 올레인산, 리놀산, 알파리놀렌산 등 양질의 지방산도 함유하고 있다.

특히 대두에는 여성 건강에 좋은 성분이 많다. 바로 이소플라본이라는 물질인데, 에스트로겐과 비슷한 역할을 해서 여성호르몬 대체제로 쓰인다. 그래서 갱년기이거나 골다공증이 있는 여성에게 대두는 정말 좋은 식품이다.

또한 대두의 콜린 성분은 우리 뇌 건강에 중요한 역할을 한다. 콜린이 신경전달물질인 아세틸콜린을 만드는 재료가 되어 치매나 파킨슨병 예방에도 도움을 줄 수 있으며 지방간 개선 효과도 기대할 수 있다.

대두를 먹다 보면 쓴맛이나 떫은맛이 나는데, 이 맛을 내는 것이 바로 사포닌이다. 이 성분은 혈액 정화, 항산화 작용, 혈압과 콜레스테롤 저하, 염증 완화 등에 도움을 준다. 또한 사포닌은 동맥경화나 심장병의 원인이 되는 활성산소를 제거하는 효과가 탁월하며, 포도당 흡수를 늦춰 당뇨병 예방에도 기여한다.

대두로 만든 두부는 콩의 좋은 성분들이 그대로 살아있으면서 소화 흡수율은 95%에 달한다. 반면 콩은 65% 정도밖에 안 된다. 그래서 소화력이 떨어지는 심혈관 질환자에게는 콩보다는 두부를 추천한다.

두부에는 마그네슘도 풍부해서 혈관을 이완시키는 효과도 기대할 수

있다. 이 외에도 대두는 다양한 효능을 가지고 있어 다이어트, 골다공증 예방, 탈모 예방, 당뇨병 관리, 심장병과 고혈압 완화, 유방암과 전립선암 예방 등 광범위한 건강 이슈에 도움을 줄 수 있다.

대두 활용 방법

① 생감자 바나나콩물: 신경통, 퇴행성관절염, 심혈관 질환, 고혈압, 위염, 탈모, 천식에 좋으며 기억력 향상에 도움이 된다. 서리태 300g을 깨끗이 씻어 물에 충분히 불린 다음 냄비에 불린 콩과 바나나 2개를 적당 크기로 잘라서 넣고 콩 불린 물을 1.5ℓ 정도 부은 다음 10분 정도 끓여서 믹서로 갈아 콩물을 만든다. 생감자를 별도로 갈아서 체에 걸러 생감자즙을 만든다. 생감자와 콩물을 1:1로 혼합하여 약간의 죽염을 첨가하여 먹는다.

② 검은콩 연근조림: 면역력 강화, 혈액순환 개선, 심혈관 건강, 혈당 조절에 도움이 되며 항산화 효과가 있다. 연근을 0.5cm 정도 크기로 잘라 끓는 물에 살짝 삶아 건진 다음 냄비에 물 200㎖, 간장 100㎖, 매실청 2큰술, 검정콩 200g 정도를 넣고 끓이다가 연근을 넣고 조려서 완성한다.

③ 생청국장 미역귀쌈장: 암 예방과 면역력 향상을 위한 쌈장이다.(361쪽 참고)

④ 초콩: 스트레스, 심혈관 질환, 고혈압, 고지혈, 당뇨, 골다공증에 효과가 있으며 노화 방지에 도움이 된다. 깨끗이 씻어 물기를 제거한 서리태를 냄비에 넣고 아주 살짝 열처리한 후 뜨거운 물로 소독한 유리병에 넣는다. 콩이 충분히 잠기도록 식초를 붓고, 나중에라도 식초 표면으로 콩이 보이면 식초를 더 첨가한다. 약 7~10일 정도 숙성시킨 후에 건져내 별도의 용기에 담아 놓고 매식사 직후 5~10알 정도 먹는다.

Special Tip. **동물성 고기, 우리 건강의 적일까? 친구일까?**

현대 영양학계에서는 '단백질 영양학'이라는 말이 있을 만큼 단백질, 특히 육류를 통한 단백질 섭취를 강조한다. 그러나 40년 이상 영양학과 암 연구의 최전선에서 활약해온 콜린 켐벨 박사는 300개 이상의 연구 논문을 통해 충격적인 사실을 밝혀냈다. 우리 몸에 실제로 필요한 단백질 양은 한국영양학회가 권장하는 일일 체중 kg당 0.91g보다 훨씬 적다는 것이다. 더 놀라운 것은, 필요 이상의 단백질이 오히려 '암 발생 스위치' 역할을 할 수 있다는 것이다. 단백질의 과다 섭취가 암을 비롯한 여러 질병의 원인이 될 수 있다니, 놀라운 연구 결과이다.

잠시 생명의 근원 에너지, 태양 이야기를 해보자. 지구상의 모든 생명체는 태양으로부터 나오는 에너지로 살아간다. 그래서 우리가 건강하게 살기 위해서는 바로 태양을 많이 먹어야 한다.

태양을 '먹는' 방법은 크게 두 가지이다. 첫째, 직접적인 방법으로 일광욕을 즐기는 것이다. 햇볕의 따뜻함, 햇빛의 밝음, 햇살의 에너지를 온몸으로 받아들이며 생기를 얻을 수 있다. 둘째, 간접적인 방법으로 태양 에너지를 저장한 식물을 섭취하는 것이다. 식물은 광합성을 통해 태양 에너지를 저장하고, 우리는 이 식물을 먹음으로써 필요한 영양을 공급받는다.

동물의 세계를 들여다보면 이런 에너지의 흐름을 더 잘 이해할 수 있다. 초식 동물은 식물에서 직접 영양을 얻지만, 육식 동물은 초식 동물을 통해 간접적으로 태양 에너지를 얻는다. 마치 에너지 전달의 릴레이 경주 같다. 이런 이유로 육식 동물은 초식 동물에 비해 순간적인 힘은 세지만, 지속적으로 힘을 만들어내는 지구력은 떨어진다.

또 하나 주목해야 할 중요한 점은 바로 '식이섬유'이다. 육식에는 식이섬유가 거의 없는 반면, 식물성 음식에는 풍부하다. 식이섬유가 왜 중요할까? 이는 '내 안의 또 다른 나'라고 불리는 장내 미생물과 깊은 관련이 있다.

장내 미생물은 식이섬유를 주식으로 삼아 살아간다. 만약 식이섬유가 부족하다면 어떻게 될까? 장내 미생물의 다양성과 개체 수에 문제가 생기면서 장 건강이 망가진다. 특히 대장에서 육식을 통해 들어온 단백질이 부패하면서 각종 독성 물질이 만들어진다. 이는 대장암을 비롯해 각종 자가면역질환 등 만성질환의 원인이 될 수 있다.

그렇다면 우리는 어떻게 먹어야 할까? 첫째, 통곡류와 채소를 중심으로 식단을 구성하자. 둘째, 해조류와 갯벌음식을 적절히 추가하자. 이들은 풍부한 미네랄의 보고이다. 셋째, 적당량의 생선을 섭취하자. 오메가 3 지방산은 우리 몸에 꼭 필요하기 때문이다. 넷째, 육식을 완전히 배제할 필요는 없지만, 조리법에 주의를 기울이자. 직화구이보다는 채소를 곁들인 찜, 수육, 샤브샤브 같은 요리가 좋다. 이런 식습관을 통해 우리는 몸에 '태양 에너지'를 효과적으로 채울 수 있다.

Part 2. _____

수많은 사람을 치유한
기적의 레시피

01

매일
마시기만 해도
몸이 달라진다

주스
식혜
건강수

복합세포주스

복합세포주스는 세포의 망가진 센서를 복구시켜 세포 간 대화 능력을 높여준다. 또한 무려 20여 종의 당 영양소와 유황이 풍부해 면역력 강화의 효과를 볼 수 있다. 그래서 자가면역질환에 많이 처방되는 주스이다. 암세포의 전이를 막는 효과도 기대해볼 수 있는데, 암 환자들은 세포 정보 전달의 핵심 역할을 하는 파래와 버섯류의 분량을 2~3배 늘리는 것이 좋다. 매일 복합세포주스 한 잔으로 세포 건강을 챙겨보자.

복합세포주스의 효능

○ 20여 종의 당 영양소와 유황 성분이 세포 간 정보 전달을 원활히 해준다.
○ 파래의 풍부한 플랑크톤과 섬유소, 엽산 덕분에 장내 미생물 발효가 활발해져 면역력이 높아진다.
○ 토마토의 라이코펜, 양배추의 설포라판 등 채소의 파이토케미컬 성분이 암을 예방하는 데 도움을 준다.
○ 간에서의 해독 물질(글루타치온) 생성을 도와 몸속 독소를 제거한다.
○ 식이섬유가 풍부해 변비 예방과 장 기능 개선에 효과적이다.
○ 해독작용과 염증억제 효과가 있다.

준비하기

기본 재료
□ 무 1/3개
□ 무청(시래기) 4줄기
□ 당근 1개
□ 우엉 1/2개
□ 말린 표고버섯 5개
□ 새송이버섯 2개
□ 양배추 1/3통
□ 토마토 2개
□ 파래김 10×10cm 5장

계량
1컵: 200㎖
1큰술: 15cc
1작은술: 5cc

만드는 법

1. 파래김을 제외한 모든 재료를 냄비에 넣고 재료의 4배 정도의 물을 부어 30~40분간 푹 끓인다.
2. 파래김을 넣고 5분 더 끓인다.
3. 건더기를 걸러내고 국물만 유리병에 담는다.

   TIP 마실 때 약간의 간장과 식초를 넣으면 맛과 영양흡수율이 배가된다.

3

Special Tip **복합세포주스 활용팁**

1. 복합세포주스를 밥물로 이용한다.

2. 복합세포주스를 육수로 미역국(383쪽 참고)을 끓인다.

3. 복합세포주스 재료를 잘게 자르고 말려서 채소밥을 한다.

4. 복합세포주스를 육수로 과채환원주스(177쪽 참고)를 만든다.

5. 복합세포주스를 육수로 바보식혜(151쪽 참고)를 만든다.

6. 복합세포주스를 육수로 물김치(285쪽 참고)를 만든다.

바보식혜

소화불량 개선 | 위장병 예방 | 스트레스 완화

가끔은 복잡한 생각을 비우고 바보처럼 살아보자. 위장이 편안해질 것이다. 그래서 이 식혜의 이름이 '바보식혜'이다. 온갖 걱정과 스트레스로 힘들어하는 우리의 위장에게 선물 같은 휴식을 선물하는 음식이라는 뜻에서 '바보'라는 이름을 붙였다. 생강의 따뜻한 기운으로 위장을 편안하게 해주고, 단호박의 베타카로틴으로 상처 입은 위벽을 치유하며, 양배추의 유황 성분으로 위장 기능을 튼튼하게 만들어준다. 게다가 엿기름 발효로 소화 부담은 줄이고 에너지 흡수는 높였다. 위장병으로 고생하는 현대인이라면 누구나 바보식혜가 필요하다. 자연의 건강함이 고스란히 담긴 바보식혜로 온 가족의 위장을 껴안아주자.

바보식혜의 효능

○ 엿기름 발효로 위산이 부족해도 소장에서 바로 흡수할 수 있어 소화가 편해진다.
○ 위장을 자극하지 않고 위장 기능을 도와주는 재료들로 구성되어 위장병 예방에 좋다.
○ 생강은 소화액 분비를 촉진하고, 양배추는 위벽을 보호하며, 무는 소화 효소로 소화를 돕는다.
○ 단호박의 베타카로틴은 위점막을 강화하고, 바나나의 세로토닌은 스트레스를 완화한다.

준비하기

기본 재료

□ 무 1/2개
□ 생강 2쪽
□ 양배추 1/2통
□ 다시마 10×10cm 2장
□ 엿기름 1컵
□ 바나나 2개
□ 단호박 1/2개
□ 쌀 2컵

만드는 법

1. 물 2ℓ에 무, 생강, 양배추를 넣고 30분 정도 끓인 다음 불을 끄고 다시마를 넣어 5~10분 정도 우려낸다.

   TIP 생강은 껍질째 쓴다. 양배추는 푸른 부분이 더 좋다.

2. **1**에 엿기름을 1컵 정도를 넣고 풀어준다. 2시간 정도 가라앉혀 효소가 우러나오면 맑은 윗물만 기본물로 사용한다.

   TIP 엿기름을 충분히 쓰면 발효가 빨라지고 구수해진다.

3. 바나나와 단호박, 쌀을 넣고 고두밥을 짓는다.

   TIP 물을 적게 넣어 고들고들한 밥을 짓는다.

4. 엿기름 건더기를 걸러낸 식혜물(**2**)과 밥(**3**)을 전기밥솥에 넣고 보온모드로 8~10시간 숙성시킨다.

5. 숙성시킨 재료를 식힌 후에 믹서나 블렌더로 갈아준다.

   TIP 이 재료를 다시 밥솥에 넣고 취사모드로 계속 조리면 조청이 된다.

1

혈관건강
파동주스

혈관 건강 | 콜레스테롤 조절 | 위장 기능 향상

온 가족의 혈관 건강을 책임질 혈관건강파동주스를 소개한다. 혈관건강파동주스의 주인공인 미나리는 혈액을 맑게 해주고, 표고버섯은 혈관 속 노폐물을 말끔히 청소해주는 역할을 한다. 여기에 무, 대파 등의 채소가 가세하면서 비타민 C, 식이유황, 아연 등 혈관 탄력성 유지에 도움을 주는 영양소를 공급한다. 특히 부위별로 각기 다른 풍부한 영양소를 자랑하는 대파는, 면역력 강화부터 항암 효과까지 다양한 건강 효능이 있어 이 주스의 히든카드나 다름없다.

혈관건강파동주스의 효능

○ 혈액을 맑게 하고 혈관 속 노폐물과 찌꺼기를 제거한다.
○ 무, 대파 등이 함유한 비타민 C, 식이유황, 아연이 혈관 탄력성을 높여준다.
○ 대파의 유황 성분은 체온을 높이고 위장 기능 향상, 항균 작용, 혈액순환 촉진 등에 효과적이다.
○ 대파는 전립선암 예방, 불면증 개선, 신경 안정 등에 효과가 있다.
○ 콜레스테롤 수치를 낮추고 혈관 염증을 억제하는 효과를 기대할 수 있다.

155

준비하기

기본 재료
- ☐ 북어 대가리 5개
- ☐ 무 1kg
- ☐ 대파 300g
- ☐ 미나리 300g
- ☐ 양파 2개
- ☐ 표고버섯 10개
- ☐ 다시마 10×10cm 3장
- ☐ 바나나 1개

만드는 법

1. 북어 대가리를 물에 충분히 불려 깨끗이 씻고, 물기를 뺀 다음 직화로 약간 굽는다.

   TIP 대파도 불에 약간 구워서 사용하면 좋다.

2. 냄비에 물 5ℓ를 붓고 북어 대가리를 넣어 중불로 20분 이상 충분히 끓인다.

3. **2**에 무, 대파, 미나리, 양파, 표고버섯을 넣고 30분 이상 끓인 다음 불을 끄고 다시마를 넣어 20분 정도 우려낸다.

4. 체에 밭쳐서 건더기를 걸러내어 육수를 만든다.

5. 육수에 바나나를 넣고 20분 끓인 뒤에 믹서나 블렌더로 간다.

4

5

생감자
파래콩국

퇴행성 관절염 | 류마티스 | 고혈압 | 고지혈 | 만성피로 완화

감자는 생으로 먹어야 가장 이상적으로 영양분을 흡수할 수 있다는 사실을 아는 사람은 많지 않다. 감자를 삶으면 체내 흡수율이 높은 유기미네랄이 흡수가 어려운 무기미네랄로 바뀌게 되는데, 이런 변화가 일어나는 유일한 식물이 바로 감자이다. 또한 감자는 항염, 항암 효과가 있는 스테로이드 알칼로이드 배당체를 함유하고 있는데, 이 영양소는 가열하면 가수분해되기 때문에 생즙으로 섭취하는 것이 좋다.

예부터 생감자는 항생작용과 풍부한 효소 덕분에 화상이나 상처 치료에 사용되어 왔다. 또한 생감자에는 칼륨과 비타민 C가 풍부하다. 이렇게 영양 가득한 생감자를 활용한 생감자파래콩국을 소개한다. 특히 저녁에 칼륨이 풍부한 과채수프 등을 섭취한 다음 날 아침, 생감자 파래콩국으로 하루를 시작하면 좋다. 참고로, 생감자즙이나 감자를 우려낸 물에 레몬즙을 혼합해서 먹으면 더 좋다.

생감자 파래콩국의 효능

○ 퇴행성 관절염, 류마티스, 근육 질환, 고혈압, 고지혈, 비만 등 각종 만성질환에 도움을 준다.
○ 간 건강에 좋고 탈모 예방, 만성피로 해소, 장누수증후군(Leaky Gut Syndrome, LGS) 개선, 체질 개선에 효과적이다.
○ 진통, 소염, 항생 작용으로 우리 몸을 보호한다.
○ 체액의 pH를 조절하여 우리 몸의 항상성을 유지하는 데 기여한다.
○ 위, 소장, 대장, 자궁 등의 점막을 강화하는 역할을 한다.
○ 혈관벽을 튼튼하게 해주고 당뇨, 경련, 전립선 질환 등에도 좋다.

준비하기

기본 재료
□ 불린 콩 30g
□ 파래 10×10cm 1장
□ 감자 1개

만드는 법

1. 냄비에 불린 콩과 물 $500\,ml$를 넣고 30분 정도 끓인다.
2. 파래를 넣고 5분 더 끓인다.
   TIP 파래는 5분 정도만 끓여도 충분하다.
3. 다 끓인 재료를 한 김 식힌 후 믹서나 블렌더로 간다.
4. 생감자를 갈아서 3에 섞어 먹는다.

1

2

3

4

파이토미네
주스

우리가 과식을 하는 이유 중 하나는 미네랄 부족 때문이다. 몸이 계속 부족한 영양소를 달라고 요구하는 것이다. 그래서 미량 영양소가 가득한 파이토미네주스를 꾸준히 마시면 미네랄이 충분히 공급되어 과도한 식욕이 가라앉게 되고, 자연스럽게 체중 감량에도 도움이 된다. 파이토미네주스의 효과는 여기서 그치지 않는다. 미네랄은 우리 세포를 안정시키는 결정적인 역할을 한다. 미네랄이 세포막을 튼튼하게 해주고, 세포 안팎의 이온 균형을 잡아주기 때문이다. 세포가 안정을 찾으면 마음이 차분해지고 예민함도 가라앉으며 화내는 일도 줄어들게 되니, 파이토미네주스는 몸도 마음도 모두 건강한 일상을 선물하는 음료라고 할 수 있다.

파이토미네주스의 효능

○ 인체에 필요한 필수 아미노산(아르기닌 등)이 18종 이상 다량 함유되어 있어 과도한 식욕을 가라앉힌다.
○ 호르몬 생성과 분비를 촉진한다.
○ 항산화 작용이 강한 사포닌을 함유하고 있어 혈액과 혈관을 깨끗이 한다.
○ 산화질소(NO)의 증가와 마그네슘의 작용으로 심혈관 기능 강화에 도움을 준다.
○ 이눌린 성분이 많아 췌장을 편하게 하고 혈당을 조절하는 작용을 한다.
○ 인체에 필요한 미네랄이 풍부하여 전해질 균형과 자율 신경 안정에 도움이 된다.
○ 고혈압, 당뇨, 피부 질환, 혈관 염증, 불면증, 근육통, 통풍 등의 질환 치료에 도움을 주고, 해독 작용, 혈액 정화 작용, 암 환자의 회복력 증대 등에 유효하다.

준비하기

기본 재료
☐ 건조 우엉 25g
☐ 죽염 1g
☐ 다시마 10×10cm 1장
☐ 간장 30㎖
☐ 식초 약간

TIP   식초는 천연 발효식
초를 쓰는 것이 좋다.

만드는 법

1.   건조 우엉 25g, 죽염 1g, 물 2ℓ를 넣고 20분 정도 끓인다.

2.   불을 끄고 다시마 10×10cm 1장을 넣고 10분 정도 우려낸다.

3.   **2**에 간장 30㎖를 넣고 섞는다.

4.   아침마다 파이토미네주스 200㎖에 식초를 적당량 첨가하여
마신다.

TIP   수시로 마셔도 좋다.

3

4

Special Tip **짠맛을 내는 양념류 고르는 법**

간장은 발효 간장이 좋으며 그중에서도 미네랄이 풍부한 죽염 간장을
추천한다. 된장은 집된장이나 재래된장을 먹는 것이 좋다. 역시 죽염으
로 만든 된장이 건강에 많은 도움이
된다. 소금은 일반 소금보다는 죽염
을 쓰는 것이 좋다. 죽염은 소금의 5
배를 먹어도 소금처럼 갈증을 느끼
게 하지 않으며 칼슘을 비롯한 미네
랄이 풍부해 면역력을 높이는 데 도
움이 된다.

키토산식초

장내 유익균 증식, 고혈압과 콜레스테롤 개선, 항암 및 면역력 강화 등 다양한 효능을 가지고 있는 키토산이 우리 몸에 잘 흡수되려면 식초의 도움을 받아 올리고당 형태로 전환되어야 한다. 그래서 보리새우와 천연식초를 활용해 키토산식초를 만들어 섭취하면 면역력이 떨어졌거나 대상포진 등의 질환이 있을 때 큰 도움이 된다.

키토산식초의 효능

- 장내 비피더스균, 유산균 등 유익균의 증식을 도와준다.
- 방선균을 활성화시켜 유해균을 물리친다.
- 항고혈압, 항콜레스테롤, 항암, 면역 부활의 4대 효과를 기대할 수 있다.
- 세동맥을 확장시켜주는 효능이 있다.
- 종양세포를 억제하고 대식세포 생산을 촉진하여 항암 작용을 한다.

만드는 법

기본 재료

□ 보리새우 적당량

□ 천연식초 적당량

1. 깨끗이 씻은 유리병을 열탕 소독한다.

2. 소독한 병의 3분의 1 지점까지 보리새우를 붓는다.

3. 그 위로 병의 3분의 2 지점까지 천연식초를 부어준다.

4. 뚜껑을 닫고 15일 이상 숙성시킨다.

   TIP 완성된 키토산식초를 아침, 저녁으로 물에 희석해서 마신다.(식

초 1 : 물 10)

3

4

Special Tip **키토산(Chitosan)의 효능**

1. 키토산은 세균의 세포벽에 결합하여 세포를 파괴하는 방식으로 항
   균 작용을 한다.

2. 키토산은 항염증, 항균성 효과가 있어 상처 치유 과정을 촉진한다.

3. 키토산은 식이섬유로 작용하여 소화 기관에서 지방과 콜레스테롤
   을 흡착하고 혈중 콜레스테롤 수치를 낮추는 데 도움을 준다.

4. 키토산은 지방의 흡수를 방해하여 체중 감량을 돕는다.

5. 키토산은 활성산소를 제거하여 세포 손상을 막고, 노화 방지 및 면
   역력을 강화한다.

6. 키토산은 뼈 재생을 촉진하는 능력이 있어 골다공증 치료제, 인공
   뼈, 치과 임플란트 재료로 연구되고 있다.

매끈차
피부재생수프

피부 재생을 돕는 특별한 레시피, 매끈차를 소개한다. 메인 재료 중 녹두는 항산화 효과와 피부 염증 완화에 탁월해 매끄러운 피부를 되찾는 데 도움을 준다. 비타민 C도 풍부해 피부 탄력 유지와 잡티 제거에도 일등공신이다. 여기에 사과의 풍부한 폴리페놀은 노화의 주범인 활성산소를 줄여 주름 생성을 억제하고, 파래의 요오드는 피부 신진대사를 활발하게 해 탱탱한 피부를 선사한다. 이 모든 재료를 푹 끓여 피부에 좋은 성분만 골고루 담은 매끈차! 하루에 한 잔씩 꾸준히 마시면 매끈해지는 피부 변화를 느낄 수 있을 것이다.

매끈차의 효능

○ 녹두, 율무, 검정콩 등의 식물성 단백질이 피부 건강 유지에 도움이 된다.
○ 무, 우엉, 연근에 풍부한 비타민과 무기질이 피부에 영양을 공급해 생기를 부여한다.
○ 당근의 베타카로틴은 피부 노화를 막고 잡티를 예방하는 효과가 있다.
○ 미나리의 항염증 성분은 피부 트러블 개선에 도움을 줄 수 있다.
○ 버섯의 비타민 D는 면역력을 높여 피부 건강을 돕는다.
○ 양배추의 황 성분은 피부 색소 침착을 막아 맑고 깨끗한 피부로 가꾸는 데 일조한다.
○ 사과와 양파의 폴리페놀 성분은 피부 주름 생성을 억제하고 피부 탄력을 높여준다.
○ 파래는 '바다의 천연 영양제'라고 할 정도로 철분, 칼슘 등의 미네랄과 비타민 A와 C가 풍부하여 빈혈 치료와 골다공증 예방에 좋다.
○ 파래의 메틸메치오닌은 니코틴을 해독하는 작용이 뛰어나며, 비타민 A는 폐점막을 보호해주므로 폐 건강과 피부건강에 좋다.

준비하기

기본 재료

□ 녹두(또는 율무, 검정콩, 수
　수, 팥) 50g

□ 무(또는 우엉, 연근) 200g

□ 당근 100g

□ 미나리(또는 셀러리) 100g

□ 건표고 10g

□ 새송이 50g

□ 양배추 100g

□ 양파 200g

□ 사과 200g

□ 파래 20g

만드는 법

1. 파래를 제외한 모든 재료와 물 3ℓ를 냄비에 넣고 강한 불로
   한 번 끓인 후에 약불로 30분 이상 끓인다.

2. 재료가 충분히 우러나면 파래를 넣고 5~10분 정도 더 끓여
   준다.

3. 건더기를 체에 걸러 매끈차를 완성한다. 마실 때 약간의 간
   장과 식초를 첨가해서 마신다.

   TIP 1　건더기까지 갈아서 먹어도 좋다.

   TIP 2　차를 마실 때 레몬즙(감귤류의 즙)을 첨가해도 좋다.

1

2

3

따뜻한
한 그릇의
기적

수프
죽

과채환원주스
과일당

과채환원주스는 과일을 삶으면 나오는 프락토올리고당이 풍부해 장 점막을 튼튼하게 해준다. 뿐만 아니라 항산화 물질이 풍부해 암을 예방하고, 칼륨으로 세포를 건강하게 해주며, 혈당을 안정시키는 데에도 도움을 준다. 과일과 채소를 익혀서 갈아 영양분 흡수율을 높인 형태로, 소화 흡수력이 약한 환자들이 식사 대신 먹어도 좋다.

과채환원주스의 매력은 재료의 가감을 통해 오행, 오장이 만족하는 나만의 스타일로 만들 수 있다는 점이다. 예를 들어 당뇨환자라면 사과를 더 넣고, 전립선 질환이나 신장 질환이 있다면 토마토를 2~3배 넣기를 권한다.

과채환원주스의 효능

○ 항산화 작용으로 암을 예방한다.
○ 활성산소를 제거하여 암을 예방한다.
○ 발암물질을 해독하고 배설작용을 돕는다.
○ 장내 환경을 개선하고 면역력을 높인다.
○ 암 치료의 부작용을 억제한다.

준비하기

기본 재료
□ 단호박(소) 1개
□ 바나나 1개
□ 양배추 ¼개
□ 사과 1개
□ 토마토 2개

만드는 법

1. 바나나는 껍질을 벗기고, 단호박은 씨를 제거하고 거친 겉껍질만 벗겨낸다.

   TIP   토마토, 사과는 껍질을 벗기지 않고 사용한다.

2. 재료를 적당한 크기로 썬다.

3. 솥에 물 200*ml*를 넣고 모든 재료를 넣은 뒤에 잘 익을 정도로 삶는다.

4. **3**을 믹서나 블렌더로 곱게 갈아준다.

   TIP   먹기 전에 간장과 식초를 첨가해서 먹는다. 식초 속 펩티드 성분이 세포를 강화하고 활성화시키며, 간장의 메티오닌 성분이 해독 작용을 도와 수프 속 유효성분 흡수율을 높여준다.

3

4

Special Tip **과채환원주스 활용팁**

1. 과채환원주스 재료를 잘게 썰어서 넣어 밥을 한다.
2. 과채환원주스 재료에 식초를 넣어 하루 발효한 후에 갈아서 주스로 마신다.
3. 과채환원주스 재료로 물김치(285쪽 참고)를 만든다.
4. 과채환원주스를 김치 속재료로 사용해서 배추김치를 만든다.
5. 과채환원주스를 보리찐빵이나 통밀찐빵을 반죽할 때 넣어 활용한다.

단호박
행복수프

장을 따뜻하게 해주고, 장 점막을 강화하는 재료를 모아 한 그릇에 담은 것이 바로 단호박 행복수프이다. 주재료로 사용된 채소들은 모두 끓이면 단맛이 나는 채소들로, 위장을 포함한 소화기관을 행복하게 해주고 마음까지 편안하게 만들어준다.

단호박 행복수프의 효능

○ 식이섬유가 풍부해 장 건강에 도움을 준다.
○ 장을 따뜻하게 해주고 장내 환경을 개선한다.
○ 장 점막을 튼튼하게 한다.
○ 위장 기능을 향상시킨다.
○ 장내 유익균 증식을 도와 면역력을 강화한다.

준비하기

기본 재료
- □ 단호박, 양배추, 당근,
  양파 합쳐서 200g
- □ 다시마 우린 물 900㎖
- □ 유익균 적당량

만드는 법

1. 준비한 채소를 깨끗이 씻고 단호박은 씨와 거친 겉껍질만 제거한다.
2. 모든 재료를 적당한 크기로 썰어준다.
3. 다시마 우린 물 900ml에 모든 재료를 넣고 강한 불로 한 번 끓인 뒤 약한 불로 줄이고 30분 더 끓인다.
4. 식으면 믹서에 넣고 곱게 간다.
5. 유익균을 넣고 냉장고에 숙성시키는 발효과정을 거치면 맛은 물론 효능도 높아진다.

   TIP   먹을 때 간장과 식초를 곁들이면 좋다.

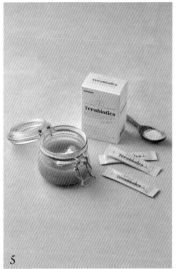

식재료의 영양을 유지하면서 단당류와 오염물질을 제거하는 세척방법을 소개한다. 이 방법의 핵심은 바로 '삼투압'이다. 삼투압이란 농도가 다른 두 용액 사이에서 물 분자가 이동하려는 힘으로, 이를 활용해서 채소나 과일 속 단백질, 미네랄 같은 유용한 성분은 보존하면서 단당류와 오염물은 빼내는 것이다.

1. 물 1ℓ 기준 천일염 10g, 식초 20cc를 넣고 재료를 30분~1시간 담가 둔다.

   TIP 1 천일염은 간수(Mg)가 덜 빠진 1년 이내의 것이 더 좋다.

   TIP 2 베이킹파우더나 가리비분말 1g을 넣으면 더 좋다.

   TIP 3 농약이나 중금속 제거를 위해 물에 유용 미생물인 EM 발효액을 첨가하면 더 좋다.

2. 맑은 물로 헹구어 낸다.

갑상선호르몬
저하 환자를 위한 수프

갑상선호르몬의 주원료인 요오드가 풍부한 다시마, 마늘, 양파, 버섯 등을 충분히 섭취하는 것만으로도 갑상선 기능 회복에 큰 도움이 된다. 여기에 에너지 생성에 도움을 주는 사과와 바나나를 더하면 금상첨화이다. 이렇게 갑상선에 좋은 식재료들을 모아 맛있는 수프를 끓여 보자.

갑상선호르몬저하 환자를 위한 수프의 효능

○ 요오드가 풍부한 재료들로 만들어 갑상선 기능 회복을 도와준다.
○ 마늘과 양파의 독특한 매운맛을 내는 것은 유황화합물로, 갑상선 환자의 체온 유지에 도움이 된다.
○ 사과와 바나나는 갑상선호르몬 저하자에게 부족한 에너지를 생성하는 데 도움을 준다.

준비하기

기본 재료
□ 양파 1/2개
□ 사과 1개
□ 바나나 1개
□ 표고버섯 2개
□ 마늘 5쪽

채수 재료
□ 다시마 적당량
□ 자투리 채소 적당량

만드는 법

1. 양파는 껍질을 벗겨 한입 크기로 썰고, 사과와 바나나는 적당한 크기로 썰고, 표고버섯은 기둥을 잘라 갓 부분만 사용한다.

   TIP 양파 껍질이나 표고버섯의 기둥은 채수를 만들 때 활용하면 좋다.

2. 채수를 만들기 위해 냄비에 물을 넣고 채소 자투리를 깨끗이 씻어 넣은 다음 약한 불로 20분 정도 끓인 후 불을 끄고 다시마를 넣어 5분 정도 우린다.

3. 체로 걸러 채수를 만든다.

4. 냄비에 *1*의 재료와 채수(*3*) 500*ml*를 넣고 센 불로 끓이다가 끓으면 중불로 줄이고 채소가 부드러워질 때까지 30분 정도 더 익힌 다음 불을 끄고 식힌 후 믹서에 넣어 갈아준다.

   TIP 죽염이나 간장을 첨가해 먹는다. 타이로신 공급을 위해 연어나 참치를 곁들여도 좋다.

3

4

파이토캠페롤
수프

캠페롤과 퀘르세틴은 식물에 들어있는 강력한 파이토케미컬 성분으로, 이 두 가지가 만나면 시너지 효과를 내서 우리 몸을 다양한 질병으로부터 보호해준다. 특히 항암 작용이 뛰어나 암세포의 성장을 억제하고 항암제 내성을 막아주는 효과를 기대할 수 있다. 뿐만 아니라 심장병과 동맥경화 예방, 당뇨 합병증 예방, 알레르기 억제 등 건강에 많은 도움을 준다. 퀘르세틴과 캠페롤이 어우러져 영양이 가득 담긴 파이토캠페롤수프로 면역력을 올려보자.

파이토캠페롤수프의 효능

○ 강력한 항산화 작용으로 각종 암을 예방한다.
○ 심장병과 동맥경화를 예방하는 데 도움을 준다.
○ 항바이러스 효과가 있다.
○ 당뇨합병증을 예방한다.
○ 식이섬유가 풍부해 장을 깨끗이 청소하고 변비를 예방한다.
○ 알레르기를 억제한다.

준비하기

기본 재료
- □ 양파 3개
- □ 사과 2개
- □ 토마토 3개
- □ 고구마 400g
- □ 셀러리 200g
- □ 마늘 4~5쪽
- □ 현미 80g
- □ 귀리(또는 율무) 20g

육수 재료
- □ 무 300g
- □ 미나리 300g
- □ 고량주 30㎖
- □ 물 2.5ℓ

선택 재료
- □ 보리새싹가루 50g
- □ 간장 약간

만드는 법

1. 냄비에 무와 미나리, 물 2.5ℓ를 넣고 중불에서 30분 정도 끓인다.
2. 고량주를 넣고 중불에서 30분 정도 더 끓인다.
   TIP 캠페롤은 알코올로 추출이 가능하다.
3. 무와 미나리를 건져낸다.
4. **3**에 양파, 사과, 토마토, 고구마, 셀러리, 마늘을 넣고 끓인 다음 식혀서 갈아준다.
5. **4**를 다시 냄비에 넣고 불린 현미와 귀리를 넣어 다시 끓인다.
   TIP 먹기 전에 간장과 보리새싹가루를 추가해 먹으면 좋다.

4

Special Tip **파이토케미컬(Phytochemicals)**

파이토케미컬은 식물의 놀라운 자연 방어 물질로, 그리스어로 '식물'을 의미하는 '파이토(Phyto)'에서 유래한 용어이다. 식물은 자외선, 극한의 온도, 병원균, 곰팡이, 해충 등 다양한 환경적 위협으로부터 자신을 보호하기 위해 생리활성 화합물을 만들어내는데, 이를 파이토케미컬이라 하며, 이 물질은 인간의 건강에도 유익한 영향을 미친다.

파이토케미컬의 주요 기능은 강력한 항산화 작용을 하여 체내의 활성 산소로 인한 산화 스트레스를 감소시키는 데 도움을 준다. 이는 노화 방지, 염증 감소, 암 예방, 면역력 증진 등 다양한 건강상의 이점으로 이어진다.

특히 흥미로운 점은 파이토케미컬이 식물에 고유한 색깔, 향, 질감, 맛을 부여한다는 것이다. 예를 들어, 붉은색 과일과 채소에는 라이코펜이, 노란색과 주황색 식품에는 베타카로틴이, 보라색 식품에는 안토시아닌이 풍부하게 함유되어 있다.

복합
카르티노이드수프

카로티노이드는 주로 노란색이나 주황색을 띠는 과일과 채소에 들어있는 강력한 항산화 물질로, 우리 몸의 면역력을 높이고 각종 질병을 예방하는 데 큰 도움을 준다. 특히 간질환, 간암, 폐암, 피부암, 당뇨 등에 효과가 탁월하다고 알려져 있다. 단호박과 당근의 베타카로틴, 알파카로틴부터 귤의 베타크립토잔틴, 시금치의 루테인까지! 이 모든 카르티노이드 성분을 한 그릇에 담아 온 가족 건강을 지켜보자.

복합 카르티노이드수프의 효능

○ 라이코펜, 알파카로틴, 베타카로틴, 크립토크산틴 등을 복합적으로 활용한 복합 카로티노이드 요법은 간암 발생율을 1/3로 떨어뜨린다.

○ 토마토의 라이코펜은 베타카로틴의 2배에 해당하는 항산화력을 가지고 있다.

○ 단호박과 당근의 알파카로틴은 폐암, 간암, 피부암 억제에 효과적이다.

○ 귤의 베타크립토잔틴은 발암 억제와 당뇨병 예방에 뛰어나다.

○ 시금치는 여러 카로티노이드 성분이 풍부해 빈혈 예방, 피부암과 대장암 억제, 황반변성 예방 등의 효과를 기대할 수 있다.

준비하기

기본 재료
- ☐ 토마토 1개
- ☐ 당근 ½개
- ☐ 단호박 ¼통
- ☐ 귤 1개
- ☐ 셀러리 200g
- ☐ 다시마 우린 물 500㎖
- ☐ 잣 50g(또는 아몬드 5알)

만드는 법

1. 토마토, 당근, 단호박, 귤, 셀러리를 적당한 크기로 썬다.
2. 다시마 우린 물에 넣고 삶는다.
3. 2에 잣이나 아몬드를 넣고 갈아준다.

1

방탄
면역수프

면역력은 감기부터 암까지 각종 질병으로부터 우리 몸을 지켜주는 방패이다. 이 면역력을 높이려면 먼저 장의 건강을 돌봐야 한다. 몸속 면역 세포의 대부분이 장에 있기 때문이다. 장 건강이 곧 면역력으로 직결되는 셈이다. 장 건강과 면역력을 위해 특별히 고안된 레시피, 방탄 면역수프를 소개한다. 각종 비타민과 미네랄이 풍부하고 장 건강에 도움이 되는 단호박, 당근, 브로콜리, 양파, 사과를 충분히 끓여서 갈아 만든 수프이다. 흡수율이 좋아서 면역력이 떨어졌거나 대상포진에 걸렸을 때 아침 대용으로 먹으면 좋다. 매일의 작은 습관으로 든든한 면역력 방패를 만들어보자.

방탄 면역수프의 효능

○ 각종 비타민과 미네랄이 우리 몸의 면역 세포 활성화를 돕는다.

○ 단호박은 베타카로틴 같은 항산화 성분이 풍부해 면역력 향상에 도움을 준다.

○ 당근의 비타민 A는 우리 몸의 점막을 건강하게 해 세균 침입을 막아준다.

○ 브로콜리의 설포라판은 강력한 항산화 물질로 암 예방에 효과적이다.

○ 양파의 알리신 성분은 비타민 B1의 흡수를 돕고 피로를 개선해준다.

○ 사과의 펙틴은 난소화성 식이섬유로 장내 유해물질을 흡착해서 배설하는 데 도움을 준다.

준비하기

기본 재료
☐ 단호박 200g
☐ 당근 100g
☐ 브로콜리 100g
☐ 양파 100g
☐ 사과 100g
☐ 다시마 우린 물 1ℓ

만드는 법

1. 다시마 우린 물과 모든 재료를 냄비에 넣고 강한 불로 한 번 끓인다.

   TIP 시금치, 미나리, 셀러리, 토마토, 우엉, 연근, 고구마, 감자 중 제철 채소를 1~3가지 더해도 좋다. 총량 100g 이하로 넣으면 된다.

2. 불을 약하게 줄인 뒤 채소가 푹 익을 때까지 30분 이상 더 끓인다.

3. 식힌 후 믹서기로 곱게 간다.

   TIP 먹을 때 간장과 식초, 후춧가루, 울금 등을 약간 첨가해 먹으면 좋다.

1

Special Tip 점막의 기능과 면역시스템

점막(mucosa)은 외부 물질로부터 신체를 보호하는 첫 번째 방어선으로, 코, 입, 위장관, 생식기 및 기타 여러 부위의 내벽을 덮고 있는 얇은 조직을 말한다. 이 조직은 세균, 바이러스, 곰팡이 등 다양한 병원체의 침입을 막는 물리적 장벽 역할을 하여 우리 몸을 보호한다.

점막에서 분비되는 점액에는 리소자임(lysozyme), 락토페린(lactoferrin), 그리고 다양한 항균 펩타이드와 같은 항균 성분들이 포함되어 있어 병원체의 성장을 효과적으로 억제한다. 더불어 점막에는 다양한 면역세포들이 존재한다. 이 면역세포들은 침입한 병원체를 신속하게 탐지하고 제거하는 역할을 한다.

점막 건강을 유지하려면 영양 섭취도 중요하다. 예를 들어 단호박, 당근 등에 풍부하게 함유된 비타민 A는 점막 세포의 성장과 유지에 필수적이다.

2

3

비트수프

비트는 '땅속의 붉은 피'라 불릴 정도로 조혈작용이 뛰어나 빈혈에 좋은 채소이다. 비트의 풍부한 엽산과 철분은 혈액을 만드는 조혈 작용을 도와주고, 베타인 성분은 혈관 질환의 주범인 호모시스테인 수치를 낮추는 데 기여한다. 뿐만 아니라 비트에 들어있는 질산염은 혈압 조절에 탁월한 효과가 있다. 비트의 놀라운 효능을 고스란히 담은 이 수프로 빈혈을 예방하고 혈관 건강을 지켜보자.

비트수프의 효능

○ 비트의 엽산과 철분은 빈혈을 예방하고 개선하는 효과가 있다.
○ 비트의 베타인 성분은 혈중 호모시스테인 농도를 낮춰 심혈관질환 위험을 낮춘다.
○ 비트의 질산염은 혈액 순환을 개선하여 뇌로 가는 혈류를 증가시켜, 인지 기능을 향상시키고, 치매와 같은 뇌 질환의 위험을 줄일 수 있다.
○ 질산염이 일산화질소 생성을 도와 혈압 조절에 도움을 준다.
○ 토마토의 리코펜은 항산화 효과로 노화를 예방하고 전립선 건강에 도움을 준다.
○ 당근과 양파는 혈당 조절, 면역력 향상 등의 효능이 있다.

준비하기

기본 재료

☐ 비트 150g
☐ 토마토, 당근, 양파
　합쳐서 150g
☐ 식초 약간
☐ 간장 약간

만드는 법

1. 비트가 잠길 정도의 물을 부은 뒤 식초를 약간 넣고 끓인다. 끓어오르면 약한 불로 줄인 뒤 뚜껑을 덮고 15~30분간 끓인 후에 식힌다.

　TIP　비트에 대꼬챙이가 쉽게 들어갈 정도면 익은 것이다. 비트 삶은 물은 수산이 많아 결석이 생길 우려가 있으므로 버린다.

2. 데친 비트를 껍질채 썰고 토마토와 당근, 양파도 적당한 크기로 썬다.

3. 냄비에 썰어 놓은 채소와 물 900*ml*를 넣어 가열하고 끓어오르기 직전에 불을 중불로 줄인 나음 채소가 부드러워질 때까지 30분 정도 더 끓인다.

4. 식힌 후 믹서로 간 다음 먹기 전 간장과 식초를 첨가해 먹는다.

1

2

Special Tip **비트 활용법**

비트를 다루는 몇 가지 방법을 알아보자. 비트는 생으로 사용할 때를 제외하고는 붉은색이 우러나오지 않도록 통째로 데치는 것이 좋다. 비트를 조리할 때 맛과 색을 더욱 향상시키는 방법도 있다. 끓이는 물에 소금과 식초를 약간씩 넣으면 비트의 색이 더욱 선명해지고 맛도 좋아진다. 비트가 약간 시들어 수분이 빠져나가서 겉이 조금 말랑해졌다면, 약 2시간 정도 찬물에 담가두면 다시 싱싱해진다.

비트를 주스로 만들어 먹으면 산소이용률을 높여 피로를 줄이며, 지구력을 높이는 운동 능력을 향상시키는 데 도움이 될 수 있으니 참고하자. 단, 비트는 옥살산 함량이 높아 신장 결석 환자나 저혈압 환자는 주의를 기울여야 한다.

3

4

당근무즙

평소 체중 관리가 고민이라면 당근과 무에 주목하자. 당근에는 식이섬유가 풍부해 포만감을 주어 과식을 막아주며 칼륨, 칼슘, 베타카로틴 등 다양한 영양소가 풍부해 심장병 예방, 눈 건강 강화, 장 건강 개선 등 전반적인 건강에도 도움을 준다. 여기에 무까지 더해지면 소화 기능까지 업그레이드된다. 무의 아밀라아제와 디아스타제 효소 덕분이다. 게다가 무는 수분이 많고 칼로리는 낮아 다이어트 식품으로도 그만이다. 이 두 가지 채소의 장점을 모두 살린 당근무즙으로 건강한 다이어트에 도전해보자.

당근무즙의 효능

○ 식이섬유가 풍부해 장 건강을 돕고 포만감을 줘 체중 감량에 효과적이다.
○ 칼륨, 칼슘 등 풍부한 무기질이 혈압을 낮추고 심장을 보호하는 데 일조한다.
○ 무의 소화효소인 아밀라아제와 디아스타제가 소화를 촉진시켜 위장 건강에 좋다.
○ 무 껍질의 루틴 성분은 모세혈관을 강화해 혈액순환 개선에 도움을 준다.
○ 무에는 생선구이 등 탄 요리에서 발생되는 발암 물질을 해독하는 효과가 있다.
○ 무즙을 먹으면 밀가루 음식을 먹은 후 속이 거북할 때 도움이 된다.
○ 레몬은 체내 독소를 제거하고 혈관 기능을 개선시키며 면역력을 높여준다.
○ 파래와 김에 들어있는 요오드는 갑상선 기능 향상과 신진대사 활성화에 기여한다.

준비하기

기본 재료
☐ 당근 25g
☐ 무 25g
☐ 간장 2큰술
☐ 레몬 ½개
☐ 파래분말 또는 김
　　15~20g

만드는 법

1. 당근과 무를 강판에 간다.

2. 물 2컵에 *1*을 넣고 섞은 다음 5분에서 10분 정도 끓인다.

3. 레몬을 짜서 즙을 낸다.

4. *2*에 간장, 레몬즙, 파래분말 또는 김을 넣고 섞어서 먹는다.

3

4

Special Tip **알고 먹으면 더 건강해지는 당근**

당근은 영양가가 풍부한 채소로, 특히 베타카로틴의 훌륭한 공급원으로 알려져 있다. 놀랍게도 중간 크기의 당근 반 개만으로도 일일 권장 베타카로틴 섭취량을 충족시킬 수 있다. 베타카로틴은 당근의 껍질에 가장 많이 함유되어 있어 당근을 최대한 영양가 있게 섭취하려면 껍질째 먹는 것이 좋다.

당근의 주황색 색소가 바로 베타카로틴이다. 한편, 붉은색 당근에는 리코펜이 풍부하게 함유되어 있다.

참고로, 당근을 다른 채소와 함께 생으로 먹을 때 레몬즙을 뿌리면 비타민 C가 파괴되는 것을 막을 수 있다.

수박탕

여름철 대표 과일, 수박의 달콤한 과육만 먹고 있다면 참 아쉬운 일이다. 수박 껍질에는 신장 건강에 특효약 같은 성분이 가득 담겨있기 때문이다. 바로 시트룰린이라는 아미노산이다. 이 성분은 모세혈관을 확장시켜 혈액순환을 개선하고 혈압을 낮추는 효과가 있다. 이는 신장의 혈류량을 증가시켜 신장 기능 향상에 도움을 준다. 이런 수박 껍질의 영양을 고스란히 담은 음식이 수박탕이다. 여기에 마늘의 알리신 성분까지 더해져 신장 조직을 보호하고 염증을 완화하는 효과까지 있다. 올여름엔 수박탕으로 신장 건강을 탄탄히 지켜보자.

수박탕의 효능

○ 수박 껍질의 시트룰린은 모세혈관 확장으로 신장의 혈류량을 늘려 기능 개선에 도움을 준다.

○ 마늘의 알리신은 항균, 항염 작용으로 신장 조직 손상을 방지하고 회복을 돕는다.

○ 식초의 구연산은 신장 결석의 주성분인 칼슘 침착을 막아 결석 예방에 좋으며 피로물질인 젖산을 분해해서 피로를 해소하는 역할을 한다.

○ 간장의 풍부한 메치오닌이 간해독을 돕고 아미노산은 신장 세포 재생을 도우며, 죽염의 미네랄은 신진대사를 활발하게 한다.

준비하기

기본 재료

☐ 수박 ½통
☐ 마늘 10쪽
☐ 죽염 약간
☐ 간장 약간
☐ 식초 약간

만드는 법

1. 수박을 적당한 크기로 잘라서 껍질과 과육을 분리한다.
2. 냄비에 수박껍질과 수박껍질의 2배 정도의 물을 붓고 껍질이 뭉글해질 때까지 푹 끓인다.
3. 껍질을 건져내고 수박 과육과 마늘을 넣어 40분간 더 끓인다.
4. 껍질은 베 보자기에 넣어 짜서 즙을 받는다.
5. 3과 4의 즙을 믹서에 넣고 갈아서 수프로 먹는다.

   TIP 수프가 아니라 물처럼 마시고 싶다면 껍질과 과육, 마늘을 베 보자기에 함께 짜낸 물을 마시면 된다.

   TIP 먹기 전에 죽염, 간장, 식초를 첨가하여 먹는다.

1

2

3

바나나내림죽

방광염과 높은 혈압 모두를 해결할 수 있는 죽을 소개한다. 우선 바나나는 칼륨과 마그네슘이 풍부해 혈압을 낮추고 근육 긴장을 완화하는 효과가 있다. 여기에 염증을 억제하고 조직 재생을 돕는 감자의 비타민 C까지 더해져 방광 건강에 그만이다. 혈관 건강에 빼놓을 수 없는 미나리도 넣었다. 미나리는 혈관을 깨끗하게 정화하고 부종을 해결해주는 채소인데, 소금물에 살짝 데치면 막힌 혈관을 뚫는 효과가 높아진다. 여기에 피를 맑게 해주는 콩, 철분, 오메가 3가 풍부한 파래까지 더해 영양을 가득 담았다.

바나나내림죽의 효능

○ 바나나의 칼륨과 마그네슘은 나트륨 배출을 도와 혈압을 낮추고 혈관과 심장 건강을 지켜준다.
○ 바나나의 트립토판은 세로토닌으로 전환되어 스트레스와 불면증 완화에 탁월하다.
○ 생감자의 비타민 C와 항염증 물질은 방광 점막을 재생시키고 방광염 완화에 효과적이다.
○ 소금물에 데친 미나리는 혈액순환을 촉진한다.
○ 콩은 풍부한 단백질로 신진대사를 높이고 피를 맑게 해준다.
○ 해조류의 으뜸인 파래는 마그네슘, 철분, 오메가 3 등이 풍부해 혈압과 염증을 다스려준다.

준비하기

기본 재료
☐ 바나나 1개
☐ 불린 콩 30g(2숟가락)
☐ 파래 10×10cm 1장
☐ 미나리 2~3줄기
☐ 생감자 1개
☐ 죽염 약간
☐ 간장 약간
☐ 식초 약간

만드는 법

1. 냄비에 바나나와 불린 콩, 물 500㎖를 넣고 30분 정도 끓인다.

2. 파래를 넣고 5분 정도 더 끓인 다음 불을 끈다.
   TIP   파래는 5분 정도만 끓여도 충분하다.

3. 미나리는 죽염을 푼 물에 살짝 데친다.

4. **2**를 한 김 식힌 후 믹서에 넣고 갈다가 데친 미나리와 함께 한 번 더 갈아준다.

5. 생감자를 갈아서 **4**에 넣고 섞는다.

6. 먹기 전에 간장, 식초를 타서 먹는다.

1

2

검은콩죽

신장은 우리 몸의 노폐물을 걸러내는 중요한 장기이다. 지친 신장을 위한 특별한 보양식으로는 검은콩죽이 있다. 검은콩은 '밭에서 나는 고기'로 불릴 만큼 양질의 단백질이 풍부하고, 필수아미노산과 좋은 지방산도 고루 들어있다. 여기에 흑미의 식이섬유와 항산화 물질이 더해져 노화와 각종 질병을 예방하는 효과를 배가시킨다. 게다가 검은깨의 세사민, 세사미놀 성분은 혈류 개선과 면역력 강화에 일등공신이다. 이 모든 걸 담백하고 고소한 한 그릇에 담았다. 바쁜 일상 속 신장을 위한 간편한 보양식이다.

검은콩죽의 효능

○ 검은콩과 흑미의 안토시아닌 성분이 체내 활성 산소를 제거해 신장을 강화해준다.
○ 검은콩의 이소플라본은 천연 에스트로겐 대체물질로 여성호르몬과 비슷한 역할을 해 갱년기 증상 완화에 좋다.
○ 검은콩의 사포닌은 혈압과 콜레스테롤을 낮추고 항산화, 항염증 작용을 한다.
○ 검은깨의 리그난 성분은 혈류를 개선하고 면역력을 높여준다.

준비하기

기본 재료
□ 흑미 100g
□ 검은콩 100g
□ 검은깨 15g
□ 잣 조금
□ 죽염 적당량
□ 들기름 약간
□ 다시마 우린 물 800㎖

만드는 법

1. 흑미와 검은콩은 각각 물을 넉넉히 부어 불린다. 불린 검은 콩을 냄비에 넣고 물을 콩이 잠길 정도로만 부어 끓인다.
2. 불린 흑미에 다시마 우린 물 200㎖를 넣고 믹서나 블렌더로 갈아준다. 삶은 검은콩과 검은깨는 다시마 우린 물 200㎖를 넣고 믹서로 갈아준다.
3. **3**과 **4**에 400㎖의 다시마 우린 물을 붓고 약불에서 저어가 며 끓인다.
4. 죽이 완성되면 죽염으로 간을 하고 들기름을 두르고 잣을 올린다.

1

2

3

4

Special Tip 암 예방부터 영양 균형까지, 검은콩의 재발견

검은콩은 이소플라본 함량이 다른 콩보다 풍부하며, 그 흡수율도 4배 이상 높아 유방암과 전립선암 예방에 도움이 된다. 또한 콩에 함유된 제니스테인이라는 성분은 에스트로겐 수용체를 억제하는 기능을 하여, 해로운 에스트로겐이 수용체와 결합하는 것을 방지한다.

콩의 섭취에 있어 조리 방법도 중요한 역할을 한다. 콩의 단백질은 열을 가해 두유나 두부 등으로 가공하면 흡수율이 더욱 향상된다.

유방암 예방과 관련하여 흥미로운 연구 결과도 있다. 역학조사에 따르면, 유방암의 발병률이 사춘기 시절 섭취한 이소플라본의 양과 관련이 있다고 한다. 우유 대신 두유를, 치즈 대신 두부로 대체하는 것만으로도 유방암 예방에 도움이 될 수 있는 것이다.

참고로, 블랙푸드인 검은콩은 몸속의 요오드 성분을 배출시키는 특성이 있어, 역시 블랙푸드인 다시마와 함께 섭취하면 갑상선기능 저하자도 걱정 없이 먹을 수 있다.

당뇨 세포죽

세포죽은 세포가 좋아하는 음식이자, 망가진 세포를 살리는 음식이다. 유익균의 활성화, 엽록소와 미네랄의 흡수, 소장의 회복에 초점이 맞춰져 있다. 이 세포죽은 질환과 증상, 사람에 따라 재료와 만드는 법이 다르다. 당뇨 세포죽은 당뇨 관리에 특화된 맞춤 세포죽이다. 혈당을 낮추고 장 건강에 좋은 재료를 영양소 파괴 없이 푹 끓여내 만든 당뇨 세포죽으로 당뇨도 잡고 세포 건강까지 챙기자.

당뇨 세포죽의 효능

○ 단호박은 베타카로틴이 풍부하고 당지수가 낮아서 포만감이 높고 당뇨 환자도 부담 없이 먹을 수 있다.
○ 콩은 소장에서 당이 흡수되는 속도를 조절해준다.
○ 현미는 식이섬유가 풍부해서 인슐린 분비를 조절해준다.
○ 사과는 섬유소가 풍부해 포만감을 주고 혈당 상승 속도를 늦춰준다.
○ 파래의 알긴산은 장에서 포도당 흡수를 억제해 당뇨 예방에 도움을 준다.
○ 장의 연동 운동을 촉진해 변비와 숙변 제거에 큰 도움을 준다.

준비하기

기본 재료
□ 단호박 50g
□ 사과 50g
□ 불린 현미 50g
□ 불린 콩 150g
□ 파래 적당량

육수 재료
□ 바지락 1kg
□ 무 600g
□ 양파 140g
□ 표고버섯 250g
□ 청주 200㎖

첨가 재료
□ 간장 약간
□ 식초 약간

만드는 법

1. 냄비에 **육수 재료**와 물 8ℓ를 붓고 국물이 충분히 우러나오도록 1시간 이상 끓인 다음 건더기는 걸러내어 버린다.
2. 기본 재료에 육수 500㎖를 붓고 30분 이상 끓인다.
3. 한 김 식힌 후 믹서나 블렌더로 갈아서 간장과 식초를 첨가해 먹는다.

1

Special Tip 스트레스가 당뇨를 부른다

당뇨병은 본질적으로 혈당이 비정상적으로 높아지는 상태, 즉 고혈당 증을 의미한다. 이러한 당뇨병과 스트레스 사이에는 밀접한 연관성이 있으며, 스트레스는 여러 가지 방식으로 당뇨병을 악화시킬 수 있다.

스트레스가 당뇨에 미치는 영향은 다양하다. 먼저, 스트레스로 인해 분비되는 코르티솔 호르몬은 간에서 포도당 생성을 증가시켜 혈당을 높이고, 동시에 인슐린의 작용을 방해할 수 있다. 이는 직접적으로 혈당 조절을 어렵게 만든다.

또한 스트레스는 간접적으로도 당뇨에 영향을 미친다. 스트레스가 심해지면 많은 사람들이 감정적인 식습관을 갖게 되어 고당분, 고지방 음식의 섭취를 늘리는 경향이 있다. 이는 혈당 관리를 더욱 어렵게 만든다.

신체 활동 측면에서도 스트레스는 부정적인 영향을 미친다. 스트레스는 사람들의 신체 활동을 줄어들게 하며 이는 운동의 부족으로 이어져 혈당 관리를 어렵게 한다.

장기적인 스트레스는 더 심각한 문제를 야기할 수 있다. 지속적인 스트레스는 혈당 조절에 필요한 호르몬 시스템의 균형을 무너뜨린다.

마지막으로, 스트레스는 수면의 질을 저하시키고 수면 부족 상태를 만들어 인슐린 저항성을 악화시킬 수 있다.

뷰티 세포죽

피부에 좋은 채소들을 듬뿍 넣어 끓인 세포죽이다. 매끈하고 생기 넘치는 피부로 가꿔주는 뷰티 세포죽의 주인공은 당근, 토마토, 브로콜리다. 당근에는 베타카로틴과 비타민 C, D가 풍부하게 들어있고 토마토는 리코펜이 가득하며, 브로콜리는 비타민 C의 폭탄과도 같다. 이 영양소들이 모여 피부에 생기를 불어넣어 준다. 여기에 양파와 우엉까지 더해져 피부 노화의 주범인 활성산소를 제거해주는 역할을 한다. 이제 비싼 화장품 대신 뷰티 세포죽으로 건강미인이 되어보자.

뷰티 세포죽의 효능

○ 비타민 A, C, 베타카로틴 성분이 풍부한 당근과 단호박은 피부에 활력을 주고, 피부 색소 침착을 예방하고 피부노화 방지에 도움을 준다.
○ 토마토의 리코펜은 자외선으로부터 피부를 보호하고 색소침착을 방지한다.
○ 양배추의 설포라판은 강력한 항산화 작용으로 피부 손상을 막아준다.
○ 브로콜리의 비타민 C는 콜라겐 생성을 돕고 잡티를 없애주는 효과가 있다.
○ 우엉과 셀러리는 피부 염증 완화에 도움을 준다.
○ 장의 연동 운동을 촉진해 변비와 숙변 제거에 큰 도움을 준다.

준비하기

기본 재료
□ 당근 70g
□ 토마토 150g
□ 양배추 200g
□ 양파 70g
□ 셀러리 30g
□ 대파 40g
□ 우엉 20g
□ 단호박 50g
□ 브로콜리 50g

양념 재료
□ 죽염 약간
□ 간장 약간
□ 식초 약간

만드는 법

1. 기본 재료와 물 500㎖를 냄비에 넣고 30분 이상 충분히 끓인다.
2. 한 김 식힌 후에 믹서나 블렌더로 간다.
3. 기본 간은 죽염으로 하고 먹을 때 간장과 식초를 적당히 첨가한다.

1

Special Tip **피부 고민 해결사, 십자화과 채소의 매력 속으로**

십자화과(브라시카과) 채소는 피부 건강의 보물창고라고 해도 과언이
아니다. 이 채소들은 풍부한 비타민, 미네랄, 항산화 물질을 함유하고
있어 건강한 피부 유지에 탁월한 효과를 보인다.

브로콜리, 양배추, 케일, 콜리플라워, 청경채, 방울양배추 등이 대표적
인 십자화과 채소이다. 이들은 비타민 C와 E 같은 강력한 항산화제의
보고로, 피부를 유해한 자유 라디칼로부터 보호하고 노화 징후를 완화
하는 데 큰 도움을 준다. 더불어 피부의 탄력을 책임지는 콜라겐 생성
도 촉진한다.

특히 양배추와 케일에 풍부한 비타민 K는 피부의 혈액 순환을 개선하
고 염증과 부종을 줄이는 데 효과적이다. 또한 십자화과 채소에 들어
있는 풍부한 식이섬유는 장 건강을 증진시키고 체내 독소를 제거하여
피부 상태를 한층 더 개선시킨다.

집에서 간단히 피부 관리를 하고 싶다면 브로콜리나 양배추를 갈아 만
든 마스크로 사용하거나 케일즙을 피부에 발라보자. 자연의 영양을 그
대로 피부에 전달할 수 있을 것이다.

장생 세포죽

세월을 거스를 순 없지만, 건강한 먹거리로 노화의 속도를 늦출 순 있다. 장생 세포죽은 우리 몸의 세포를 젊게 만드는 레시피다. 바나나와 사과의 풍부한 항산화 물질부터 시작해 콩의 이소플라본, 양배추의 설포라판까지 다양한 영양소가 노화를 예방하는 데 도움을 준다. 여기에 무, 양파, 생강 등으로 우려낸 육수가 더해져 맛은 물론 면역력 향상 효과까지 기대할 수 있다. 노화의 주범인 활성산소를 잡고, 쇠약해진 신체 기능을 회복시켜 주는 장생 세포죽으로 매일 활력을 충전해보자.

장생 세포죽의 효능

○ 바나나에 함유된 베타카로틴, 비타민 C는 노화의 원인인 산화 스트레스를 억제한다.

○ 사과에 함유된 폴리페놀 성분은 항산화 작용을 통해 몸속 독소를 제거하고 노화를 지연시키는 효과가 있다.

○ 양배추의 설포라판은 강력한 항산화 물질로 세포 손상을 막고 염증을 완화한다.

○ 토마토의 리코펜은 피부 노화를 예방하고 심혈관 건강을 지켜준다.

○ 콩에 함유된 이소플라본은 에스트로겐과 유사한 작용을 하는 천연 에스트로겐 대체물질로 갱년기 증상 완화에 효과적이다.

○ 우엉의 폴리페놀과 사포닌 성분은 면역력을 높여주며 항암 효과도 기대할 수 있다.

○ 장의 연동 운동을 촉진해 변비와 숙변 제거에 큰 도움을 준다.

준비하기

기본 재료
- [ ] 바나나 80g
- [ ] 사과 50g
- [ ] 양배추 30g
- [ ] 토마토 50g
- [ ] 불린 콩 50g
- [ ] 우엉 20g

육수 재료
- [ ] 북어대가리 50g
- [ ] 무 1kg
- [ ] 양파 400g
- [ ] 대파 뿌리 300g
- [ ] 생강 60g
- [ ] 다시마 30g
- [ ] 청주 100㎖

첨가 재료
- [ ] 간장 약간
- [ ] 식초 약간

만드는 법

1. 냄비에 청주를 제외한 **육수 재료**와 물 4ℓ를 부어 강불로 가열하고 끓기 시작하면 중불로 줄여 30분간 더 끓인다. 육수가 끓는 동안에 청주를 넣는다.

2. 건더기를 걸러낸다.

3. 고운체로 한 번 더 거른다.

   TIP 육수가 800㎖ 정도로 줄어든다.

4. **기본 재료**에 육수(3) 200㎖를 붓고 30분 이상 끓인다.

5. **4**를 믹서로 갈아준다.

6. 간장과 식초를 첨가해 먹는다.

세상 가장
건강한
한 끼

밥요리

항암
토마토마늘밥

항암 작용으로 널리 알려진 채소를 듬뿍 담아 지은 항암 밥이다. 토마토에 풍부한 라이코펜과 브로콜리의 설포라판, 이 두 가지 물질의 환상적인 조합이 바로 항암 효과의 비결이다. 특히 유방암, 전립선암 예방에 탁월하다고 하니 남녀노소 모두 주목해야 할 요리이다. 면역력을 높여주고 항암 효과까지 있는 마늘까지 더해져 더욱 든든하다.

항암 토마토마늘밥의 효능

○ 토마토의 라이코펜은 강력한 항산화 물질로 암세포 성장을 억제하는 효과가 있다.
○ 브로콜리의 설포라판은 발암물질 해독을 도와 암 예방에 효과적이다.
○ 마늘의 알리신 성분은 면역력을 강화하고 항암 작용을 한다.
○ 현미의 풍부한 식이섬유는 장 건강을 지켜준다.
○ 들기름은 불포화지방산이 풍부해 혈행 개선과 콜레스테롤 저하에 도움을 준다.
○ 죽염의 미네랄은 염증을 가라앉히고 세포 건강을 되찾는 데 일조한다.
○ 통깨의 리그난 성분은 유방암 예방에 효과가 있다.

준비하기

기본 재료
☐ 방울토마토 10개
☐ 브로콜리 ¼개
☐ 마늘 10개
☐ 불린 현미 1컵
☐ 죽염 1작은술

양념장 재료
☐ 들기름 1큰술
☐ 식초 1작은술
☐ 간장 1작은술
☐ 통깨 1작은술
☐ 고춧가루 1작은술
☐ 알룰로스 1큰술

만드는 법

1. 방울토마토는 반으로 자르고, 브로콜리는 먹기 좋은 크기로 자르고, 마늘은 반으로 잘라 잠시 둔다.
2. 볼에 **양념장 재료**를 넣고 잘 섞어 양념장을 만든다.
3. 냄비에 불린 현미와 현미 2배 분량의 물, 방울토마토, 브로콜리, 마늘, 죽염을 넣는다.
4. 중불로 올려 5분 정도 끓인 다음 거품이 사그라들면 약불로 줄이고 10~20분 정도 끓인 후 뜸을 들여 밥이 완성되면 준비한 양념장을 곁들여 먹는다.

   TIP 양념장에 밥을 비벼 김에 싸 먹으면 영양 흡수율이 더욱 높아진다.

Special Tip 암을 이기는 식탁의 3인방: 라이코펜, 십자화과 채소, 마늘

라이코펜과 십자화과 채소, 그리고 마늘의 항산화 성분이 만나면 놀라운 시너지 효과가 발생한다. 이 조합은 우리 몸의 세포를 더욱 강력하게 보호하고 암 예방에 도움을 줄 수 있다.

연구 결과에 따르면, 라이코펜은 암세포의 성장과 확산을 억제하는 데 큰 역할을 한다. 더불어 세포 주기를 조절해 암세포의 증식 속도를 늦추는 데 기여한다고 한다.

특히 주목할 만한 점은, 토마토의 라이코펜과 십자화과 채소에 포함된 인돌-3-카르비놀 같은 성분이 호르몬 대사를 조절한다는 것이다. 이는 유방암과 전립선암 같은 호르몬 관련 암의 위험을 낮추는 데 도움이 될 수 있다.

또한 라이코펜, 십자화과 채소의 설포라판, 그리고 마늘의 알리신이 폐암과 대장암의 위험을 감소시킬 수 있다는 연구 결과도 있다.

3

4

사바나콩밥

암을 이겨내기 위해서는 무엇보다 환자의 면역력과 회복력이 중요하다. 사바나콩밥은 항암 식단으로 제격인 영양만점 보양식이다. 바나나와 사과의 풍부한 식이섬유는 장 건강을 지켜주고 면역력 향상에 도움을 준다. 또한 콩은 레시틴 성분이 풍부해 암환자 식이요법 중 하나인 레시틴 요법을 할 때 활용하면 좋다. 자연의 힘을 고스란히 담은 사바나콩밥으로 면역력을 깨우고, 치유의 힘을 북돋워주자.

사바나콩밥의 효능

○ 바나나의 비타민 B6와 트립토판은 세로토닌 생성을 도와 우울감을 해소한다.
○ 사과의 펙틴은 중금속과 독소를 흡착해 체외로 배출하는 해독 작용을 한다.
○ 콩의 레시틴은 세포막을 강화하고 암세포 성장을 억제하는 효과가 있다.
○ 콩의 사포닌 성분은 항암제 부작용을 완화하고 암 전이를 막는 데 도움을 준다.
○ 복수 치료 시 부종 완화에 효과적이다.

준비하기

기본 재료

☐ 바나나 1개
☐ 사과 ½개
☐ 불린 콩 30g(2큰술)
☐ 현미 ½컵
☐ 흰멥쌀 ½컵

만드는 법

1. 바나나, 사과, 콩을 세척한다.

    TIP   방법은 183쪽을 참고한다.

2. 현미와 흰멥쌀을 1:1 비율로 섞고 *1*을 넣은 후 물을 붓고 밥을 짓는다.

    TIP   암환자의 잠재 효소를 아끼기 위한 식사로, 암환자의 복수 치료 시 아침, 저녁 식사로 먹으면 좋다.

1

2

Special Tip **콩의 숨은 보물, 레시틴**

레시틴은 콩에 풍부하게 들어있는 영양성분으로, 우리 몸 전체에 놀라운 효과를 선사한다. 무엇보다 레시틴의 주요 성분인 포스파티딜콜린은 뇌세포의 구조와 기능에 중요한 역할을 한다. 연구 결과에 따르면, 포스파티딜콜린은 인지 기능 향상에 긍정적인 영향을 미친다. 기억력과 집중력을 개선시킬 뿐만 아니라, 치매와 같은 신경퇴행성 질환의 위험도 줄일 수 있다고 한다. 또한 레시틴은 혈관 건강을 증진시키고 혈액 순환을 원활하게 하여 심혈관 건강에도 도움을 준다. 더불어 간 건강에도 큰 역할을 한다. 레시틴은 간에서 콜레스테롤을 분해하고 배출하는 과정을 돕고, 지방간과 같은 간 질환 예방에도 효과적이다.

레시틴의 효과는 피부 미용에까지 이어진다. 피부 장벽을 강화하고 수분을 유지시켜 촉촉한 피부를 만들어준다. 또한 피부 세포의 재생을 촉진하고 피부 톤을 균일하게 만드는 데도 도움을 준다.

시래기
무밥

변비 해소 | 빈혈 예방 | 소화 원활 | 피로 해소 | 숙면

시래기는 섬유소와 칼슘이 풍부해 장 건강과 뼈 건강에 좋으며 철분과 엽록소도 듬뿍 들어 있어 빈혈 예방에도 도움을 준다. 무는 소화효소인 디아스타제로 소화를 돕고, 식이섬유가 풍부해 변비를 예방한다. 이런 영양 만점의 채소를 간편하게 효율적으로 먹을 수 있는 방법이 바로 채소 솥밥이다. 채소를 쪄서 밥과 함께 짓는 과정에서 채소의 파이토케미컬 성분이 밥에 그대로 스며들어 영양소 파괴 없이 섭취할 수 있다. 밥과 함께 많은 양의 채소를 먹을 수 있으니 간편하기까지 하다. 매일 정해진 시간에 먹으면 건강한 식습관 형성에도 도움이 될 것이다.

시래기 무밥의 효능

○ 시래기의 풍부한 식이섬유가 장을 깨끗이 해 변비를 예방하고 장 건강을 지켜준다.
○ 시래기의 칼슘은 뼈를 튼튼히 하고 철분과 엽록소는 빈혈 예방에 도움을 준다.
○ 시래기는 비타민 A, C, K와 칼슘, 철분 등의 미네랄이 풍부하여 면역력 강화와 뼈 건강에 도움을 주며, 빈혈을 예방하는 최고의 조혈제이다.
○ 시래기에는 항산화 성분이 포함되어 있어 세포 손상을 방지하고 노화 방지에 효능이 있다.
○ 시래기는 칼로리가 낮고 식이섬유가 풍부하여 포만감을 느끼게 하며, 체중 관리에 도움을 준다.
○ 시래기는 혈당 지수가 낮아 혈당 조절에 효과가 있다.
○ 시래기는 체내 독소 제거를 돕는 성분을 포함하고 있어 간 건강에 도움이 된다.
○ 무의 디아스타제 효소는 탄수화물 소화를 도와 소화 기능을 개선한다.
○ 무의 풍부한 수분과 식이섬유는 포만감을 주어 다이어트에도 효과적이다.
○ 부추의 알리신은 면역력을 높이고 피로 회복을 촉진하는 효과가 있다.
○ 다시마 우린 물의 풍부한 미네랄이 건강에 도움을 준다. 특히 마그네슘은 신경을 안정시키고 숙면에 도움을 준다.

243

준비하기

기본 재료
☐ 현미 180g
☐ 시래기 50g
☐ 무 30g
☐ 다시마 우린 물 ½컵

양념장 재료
☐ 부추 10g
☐ 간장 4큰술
☐ 다진 마늘 1작은술
☐ 들기름 1작은술
☐ 통깨 약간

만드는 법

1. 현미는 미리 씻어 2시간 정도 불려두고, 시래기도 2시간 정도 불려 놓는다. 불린 시래기는 끓는 물에 30분간 삶아 찬물에 여러 번 헹군다.

2. 시래기의 물기를 꼭 짠 뒤 먹기 좋은 크기로 썬다. 무는 6cm 길이로 썰고 반으로 잘라 도톰하게 채 썬다.

3. 솥에 현미와 시래기, 무를 순서대로 얹고 다시마 우린 물을 부어 밥을 짓는다.

4. **양념장 재료**를 섞어서 양념장을 만들어 밥과 곁들인다.

1

2

3

4

245

생청국장
감태 김밥말이

집에서 간편하게 만들 수 있는 항암 김밥이다. 감태에는 각종 필수아미노산과 엽록소가 풍부해 혈액 생성을 도와주고, 청국장의 이소플라본은 강력한 항산화 물질로 암세포 성장을 억제하는 효과가 있다. 여기에 영양 가득한 알록달록 채소들을 더해 식감은 물론 영양 밸런스까지 잡았다.

생청국장 감태 김밥말이의 효능

○ 감태의 필수아미노산은 세포 재생과 면역력 향상에 도움을 준다.
○ 감태의 엽록소는 혈액을 깨끗하게 해 암을 예방하는 데 도움을 준다.
○ 청국장의 이소플라본은 항산화 작용으로 암세포 증식을 억제하는 데 도움을 준다.
○ 표고버섯의 베타글루칸은 면역세포 활성화를 촉진해 암세포에 대항하는 힘을 길러준다.
○ 연겨자, 고추냉이의 매운맛 성분은 식욕 증진과 신진대사 활성화에 좋다.

준비하기

기본 재료
- □ 생청국장 100g
- □ 현미찹쌀밥 200g
- □ 무순 50g
- □ 파프리카 140g
- □ 표고버섯 180g
- □ 들기름 1큰술
- □ 감태 김(30cm×20cm) 2장
- □ 고추냉이 1작은술
- □ 죽염 약간

현미찹쌀밥 양념 재료
- □ 죽염 약간
- □ 식초 1작은술
- □ 알룰로스 1작은술
- □ 파래가루 1작은술

생청국장 양념 재료
- □ 매실청 1작은술
- □ 간장 1작은술
- □ 연겨자 1작은술

만드는 법

1. 큰 볼에 현미찹쌀밥을 넣고 죽염, 식초, 알룰로스, 파래가루를 넣은 다음 고루 버무려 밑간한다.
2. 감태 김은 12cm×12cm 크기로 자른다.
3. 생청국장에 매실청, 간장, 연겨자를 넣어 양념한다.
4. 파프리카와 표고버섯은 채 썬다.
5. 팬에 들기름을 두르고 채 썬 표고버섯을 넣은 다음 죽염으로 간을 해 굽는다.
6. 감태 김 위에 양념한 현미찹쌀밥, 무순, 파프리카, 구운 표고버섯을 올린 다음 돌돌 말아 고깔 모양으로 만들고 고추냉이와 양념한 생청국장을 올려 완성한다.

4

5

6

케일쌈밥

항암 효과가 뛰어난 케일과 청국장으로 만든 푸릇푸릇한 건강 쌈밥이다. 양배추 야생종 중 가장 먼저 재배된 케일은 칼슘, 마그네슘 등 무기질이 풍부하고 베타카로틴, 비타민까지 함유한 영양 만점의 채소이다. 무엇보다 케일의 매운맛을 내는 유황 성분은 강력한 항암 물질로 알려져 있다. 여기에 현미밥의 풍부한 식이섬유와 청국장의 이소플라본을 더해 면역력 향상과 암세포 억제 효과를 높였다.

케일쌈밥의 효능

○ 케일에 풍부한 엽록소는 체내 중금속을 배출하고 해독을 도와 암 예방에 효과적이다.
○ 케일의 이소티오시아네이트 성분은 강력한 항암 물질로 암세포 증식을 억제한다.
○ 케일의 퀘르세틴과 켐페롤은 항산화 작용으로 면역력을 높이고 암을 예방한다.
○ 케일의 활성물질인 설포라판은 임신 중에 신경을 보호하는 효과가 있다.
○ 케일에 많이 함유된 루테인과 제아잔틴은 망막, 특히 황반에 축적되는 유일한 식이성 카로티노이드의 크산토필 계열에 속하는 황반 색소로 시력 보호와 눈 건강 유지에 중요한 역할을 한다.
○ 케일은 칼슘의 보고이며, 세로토닌을 만드는 기본 물질이 풍부해 신경 안정에 좋다.
○ 케일은 폐암과 간암을 억제하는 데 도움을 주며, 니코틴을 해독한다. 단, 케일은 갑상선기능에 영향을 미칠 수 있는 고이트로겐을 포함하고 있으므로, 갑상선 문제를 가진 사람은 과도한 섭취를 피하는 것이 좋다.
○ 현미의 복합 탄수화물은 에너지를 공급하고 식이섬유는 장 건강을 지켜준다.
○ 들기름의 리그난 성분은 항산화 효과가 뛰어나며 암 예방에 도움을 준다.

준비하기

기본 재료
□ 케일 5장
□ 죽염 1작은술
□ 현미밥 1인분
□ 생청국장 100g

현미밥 양념 재료
□ 들기름 1작은술
□ 죽염 1작은술

생청국장 양념 재료
□ 생강즙 1작은술
□ 들기름 1작은술
□ 나한과분말 1작은술
□ 식초 1큰술

만드는 법

1. 끓는 물에 죽염을 풀고 케일을 넣어 30~40초간 데친 다음 물기를 잘 뺀다.
2. 현미밥에 들기름과 죽염을 넣고 골고루 섞어 간을 한다.
3. 생청국장에 **생청국장 양념 재료**를 넣고 섞어 양념한다.
4. 케일 잎 위에 양념한 현미밥을 올린 후에 양념한 생청국장을 조금 얹고 돌돌 말아서 쌈밥을 만든다.

마늘양파
표고버섯밥

현대인의 가장 큰 건강 위협 중 하나가 바로 혈관 질환이다. 동맥경화, 고혈압, 심근경색 등 혈관 건강을 해치는 질병들을 예방하려면 평소 무엇을 먹느냐가 무엇보다 중요하다. 마늘양 파 표고버섯밥은 혈관 건강에 특효인 재료들로 지은 밥으로, 혈액 흐름을 개선하고 혈관 벽을 강화한다. 혈관을 튼튼하게 만드는 효소로 가득한 이 특별한 밥으로 우리 몸의 생명줄인 혈관을 지켜보자.

마늘양파 표고버섯밥의 효능

○ 마늘의 알리신은 콜레스테롤 수치를 낮추고 혈액순환을 개선해 혈관 건강에 도움을 준다.
○ 마늘에 풍부한 식이유황은 콜라겐 합성을 도와 혈관의 탄력성을 높여준다.
○ 마늘의 아연과 비타민 B1은 혈관 벽을 강화해 동맥경화를 예방하는 효과가 있다.
○ 양파의 퀘르세틴은 혈관 강화와 혈전 방지에 뛰어나 심혈관 질환 예방에 좋다.
○ 현미의 식이섬유는 콜레스테롤 흡수를 낮추고 혈당을 조절해 혈관 건강에 일조한다.
○ 파래가루의 마그네슘은 혈관을 이완시켜 혈압을 낮추는 데 도움을 준다.

준비하기

기본 재료
☐ 마늘 10쪽
☐ 현미 1컵
☐ 표고버섯 5개
☐ 양파 ½개
☐ 파래가루 약간
☐ 죽염 1작은술
☐ 김 적당량

양념장 재료
☐ 간장 1작은술
☐ 식초 1작은술
☐ 통깨 1작은술
☐ 나한과분말 1작은술

TIP 표고버섯은 팽이버섯
　　　으로 대체 가능하다.

만드는 법

1. 마늘을 얇게 썰어 잠시 둔다.
2. 현미는 미리 불려 둔다.
3. 표고버섯과 양파는 적당한 크기로 썬다.
4. 현미, 마늘, 죽염을 넣어 현미밥을 짓다가 뜸이 들면 양파, 표고버섯, 파래가루를 올린다.
5. 양념장을 만들어 밥에 넣고 비벼서 김에 싸 먹는다.

1　　　　　　　2　　　　　　　3

4

5

Special Tip **마늘, 양파, 표고버섯의 공통점**

1. 특별한 효소가 많다.

2. 호르몬 농도를 조절한다.

3. 암세포 등 나쁜 세포에 라벨링(인식)을 한다.

4. 강력한 항균 및 항바이러스 작용을 한다.

5. 혈중 콜레스테롤 수치를 낮추고, 심혈관 질환의 위험을 줄인다.

6. 면역 체계를 강화하여 감염에 대한 저항력을 높인다.

전복 낙지밥

지친 몸과 마음을 위로하고 회복시켜주는 밥을 소개한다. 주인공인 전복에는 타우린과 글리코겐이 풍부해 면역력 강화에 도움을 주고, 낙지의 풍부한 단백질은 근육을 만들어준다. 여기에 베타카로틴 가득한 단호박, 식이섬유 풍부한 무와 당근까지 더해져 신진대사를 촉진하고 입맛을 되찾아주는 요리이다. 강황의 커큐민으로 항암 효과까지 높여 암환자들에게도 적극 추천하는 레시피이다.

전복 낙지밥의 효능

○ 전복과 낙지에 풍부한 타우린과 글리코겐은 면역세포 활성화로 항암 효과를 높인다.
○ 전복과 낙지의 풍부한 단백질은 근육을 만드는 데 도움을 준다.
○ 단호박과 당근의 베타카로틴은 세포 손상을 막고 암세포 성장을 억제하는 효과가 있다.
○ 미역귀의 후코이단은 항암제 부작용을 완화하고 암세포 전이를 막아준다.
○ 강황의 커큐민은 암세포의 성장과 혈관 생성을 억제하는 효과가 있다.
○ 마늘쫑의 알리신은 면역력 증진과 함께 암 예방에도 도움이 된다.

준비하기

기본 재료
☐ 단호박 1/8개
☐ 무 50g
☐ 당근 50g
☐ 발아현미 또는
　맵쌀 2인분
☐ 전복(소) 5개
☐ 미역귀 약간
☐ 세발낙지 1마리
☐ 강황가루 1작은술
☐ 쪽파 2대 또는
　마늘쫑 1대
☐ 올리브유 약간

양념장 재료
☐ 간장 1큰술
☐ 식초 1작은술
☐ 통깨 1작은술
☐ 나한과분말 1작은술

만드는 법

1. 단호박, 무, 당근은 0.8cm 크기로 썰어준다.

2. 냄비에 물과 불려둔 현미(또는 맵쌀)를 1:1 비율로 넣고 중불로 끓인다. 끓기 시작하면 썰어 놓은 채소와 불린 미역귀를 넣고 강황가루 1작은술을 풀어준다.

3. 세발낙지 1마리와 전복 3개를 손질해서 먹기 좋은 크기로 썰고 **2**에 섞어준 다음 불을 줄이고 뜸을 들인다.

4. 남은 전복 2개는 십자로 칼집을 낸 다음 팬에 올리브유를 두르고 살짝 구워준다.

5. **양념장 재료**를 쉬어 양념장을 만든다.

6. 밥 위에 구운 전복과 송송 썬 쪽파(또는 마늘쫑)를 얹고 뚜껑을 덮어 불을 끄고 완성한다. 양념장을 만들어서 밥과 곁들여 먹는다.

3

5

6

톳 홍합밥

철분 가득한 톳과 헴철 풍부한 홍합의 환상적인 조합으로 혈액 생성을 도와주는 동시에, 면역력까지 증진시켜주는 일석이조 레시피이다.

우선 톳은 일반 야채의 무려 10배 이상의 철분을 함유하고 있다. 혈액의 주성분인 철분이 부족하면 빈혈로 이어질 수 있는데, 톳을 충분히 섭취함으로써 이를 예방할 수 있다. 여기에 헴철이 풍부한 홍합이 더해지면 혈액 생성에 더욱 도움이 된다. 게다가 후코이단 가득한 미역귀까지 곁들여지니 혈액순환 개선은 물론, 면역력 증진 효과도 기대할 수 있다. 이 정도면 혈액 건강과 면역력을 책임질 종합 영양식이라 해도 과언이 아니다.

톳 홍합밥의 효능

○ 톳은 철분이 매우 풍부해 혈액 생성을 돕기 때문에 빈혈 예방과 개선에 효과적이다.
○ 홍합의 헴철은 체내 흡수율이 높아 철 결핍성 빈혈 해소에 좋다.
○ 미역귀의 후코이단은 면역세포를 활성화시켜 암세포 성장 억제를 돕는다.
○ 톳의 알긴산은 중금속 등 독성물질을 흡착해 체외로 배출하는 해독 작용을 한다.
○ 홍합의 타우린은 간 기능을 강화시켜 항암 면역력 향상에 도움을 준다.
○ 마늘쫑의 알리신은 암세포의 증식을 억제하고 암 전이를 막는 효과가 있다.

준비하기

기본 재료
- □ 불린 쌀 2인분
- □ 톳 100g
- □ 미역귀 50g
- □ 홍합살 200g
- □ 마늘쫑 50g
- □ 당근 75g
- □ 청주 10g
- □ 들기름 1큰술
- □ 후추 1작은술

만드는 법

1. 톳은 물에 씻어 1cm 크기로 자르고, 미역귀도 물에 불려 1× 1cm 크기로 자른다.

   TIP 미역귀 불린 물은 버리지 말고 밥물로 쓴다.

2. 홍합살은 소금물로 씻는다.

3. 마늘쫑과 당근은 0.5cm 크기로 썬다.

4. 솥에 들기름을 두르고 쌀과 홍합을 볶다가 톳, 미역귀를 넣은 다음 미역귀 불린 물과 청주를 부어준다.

5. 밥물이 끓어 오르면 썰어둔 당근을 넣고 뚜껑을 닫아 뜸을 들인다.

6. 밥이 완성되면 마늘쫑과 후추를 넣고 골고루 섞어 완성한다.

냉이페스토
전복리소토

겨우내 움츠러든 몸에 쌓인 독소를 비워내고 싶을 때 냉이만한 식재료가 없다. 이 냉이를 듬뿍 넣어 만든 냉이페스토 전복리소토는 봄철 건강관리에 제격인 메뉴이다. 냉이의 베타카로틴은 간 건강을 돕고 해독을 촉진하는 대표 성분이다. 여기에 철분과 필수아미노산이 풍부한 전복을 넣어 면역력 강화까지 잡았다. 또한 혈행 개선과 항암 효과를 가지고 있는 호두와 마늘, 식이섬유가 풍부한 현미까지 더했다. 이 모든 재료의 영양을 고스란히 담은 이 특별한 한 그릇 밥으로 몸에 쌓인 독소도 비우고 체력도 올려보자.

냉이페스토 전복리소토의 효능

○ 냉이의 베타카로틴은 간 기능을 강화하고 해독을 촉진해 봄철 건강관리에 도움을 준다.
○ 전복의 타우린과 글리코겐은 간 해독을 돕고 면역력 향상에 효과적이다.
○ 전복에 풍부한 철분과 아미노산은 피로 회복과 체력 증진을 돕는다.
○ 현미는 식이섬유가 풍부해 장을 깨끗이 하고 변비를 예방하는 효과가 있다.
○ 호두의 오메가 3 지방산은 혈행을 개선하고 콜레스테롤 수치를 낮추는 데 도움을 준다.
○ 마늘의 알리신은 항균, 항암 작용으로 우리 몸을 질병으로부터 보호한다.

준비하기

기본 재료
- ☐ 전복 2개
- ☐ 현미 1컵
- ☐ 실파 20g

냉이페스토 재료
- ☐ 냉이 100g
- ☐ 올리브오일 3큰술
- ☐ 죽염 1작은술
- ☐ 후추 ½작은술
- ☐ 마늘 1쪽
- ☐ 호두 3알

만드는 법

1. 냉이는 데쳐서 적당히 자르고, 실파는 다진다.

2. 현미 1컵은 미리 불려둔다.

3. 믹서에 냉이와 올리브오일, 죽염, 후추, 마늘, 호두를 넣고 갈아 페스토를 만든다.

4. 전복은 깨끗이 손질해 살짝 데친 뒤 얇게 썬다.
   TIP 전복 데친 물은 육수로 사용한다.

5. 불린 현미에 전복 육수 400㎖를 부어 중불에서 5분 정도 끓이다가, 거품이 잦아들면 약불로 줄여 10~20분 더 끓인 후 뜸을 들인다.

6. 밥이 완성되면 뚜껑을 열고 페스토를 넣어 잘 섞은 다음 데친 전복을 올리고 뚜껑을 닫아 잔열로 뜸을 한 번 더 들인다.

7. 다진 실파를 올려 완성한다.

4

5

6

7

곤드레
파래주먹밥

곤드레와 파래의 환상적인 조합으로 항암 효과를 극대화한 메뉴이다. 곤드레와 파래는 엽록소, 철분, 엽산, 마그네슘이 풍부해 혈액 생성을 도와주고 체온을 유지하는 역할을 한다. 곤드레 파래주먹밥은 간편하게 만들 수 있는 요리이지만 우리 몸의 면역력을 높이고 암세포 증식을 억제하는 데 도움을 주는 놀라운 주먹밥이다.

곤드레 파래주먹밥의 효능

○ 곤드레의 엽록소와 클로로필은 혈액을 정화하고 신진대사를 활발하게 해 항암 효과를 높인다.
○ 곤드레와 파래에 풍부한 마그네슘은 혈관을 이완시키고 비타민 U는 장점막을 복구해준다.
○ 파래의 후코이단은 면역세포 활성화로 암세포 성장을 억제하는 데 도움을 준다.
○ 파래의 요오드는 갑상선기능을 강화해 신진대사를 촉진하고 암 예방에 기여한다.
○ 톳은 칼슘, 철분 등 무기질이 풍부해 뼈 건강과 빈혈 예방에 효과적이다.

준비하기

기본 재료
☐ 건 곤드레 10g
☐ 쌀 2컵
☐ 건톳 1큰술
☐ 국간장 3큰술
☐ 들기름 1큰술

양념 재료
☐ 죽염 1작은술
☐ 통깨 3큰술
☐ 파래가루 2큰술

만드는 법

1. 건 곤드레 나물을 물에 불린다. 쌀도 2시간 정도 미리 불려 놓는다.

2. 냄비에 물을 붓고 불린 건 곤드레 나물을 넣고 삶은 다음 물기를 제거한다.

3. 깨갈이에 통깨와 죽염을 넣고 간다.

4. 달군 팬에 들기름을 두르고 삶은 곤드레 나물을 넣은 다음 국간장으로 간하여 볶는다.

5. 불린 쌀과 건톳, 볶은 곤드레 나물을 넣고 밥을 짓는다.

6. 밥이 다 되면 죽염으로 간하고 경단 모양으로 주먹밥을 빚는다.

7. 주먹밥의 한쪽은 파래가루, 한쪽은 통깨를 묻혀 완성한다.

1

2

3

04

자연의 힘을
곁들여
먹다

반찬

토마토
항암김치

토마토 항암김치라면 맛있게 항암 효과를 누릴 수 있다. 토마토에 풍부한 라이코펜은 최고의 항산화 물질로 항암 효과가 탁월하다. 여기에 부추와 양파의 유황 화합물이 더해져 항암력을 한층 더 높였다. 항암 채소로 널리 알려진 마늘 듬뿍 넣은 양념으로 입맛까지 사로잡는 토마토 항암김치를 매끼 밥상에 올려 온 가족 건강을 지켜보자.

토마토 항암김치의 효능

○ 토마토의 라이코펜은 세포 노화를 막아주며 암 예방에 탁월한 효과가 있다.

○ 부추의 알릴 디설파이드는 발암 물질 활성을 억제하고 면역력을 높여준다.

○ 양파의 퀘르세틴은 항산화 작용으로 암세포 증식을 막는 데 도움을 준다.

○ 당근의 베타카로틴은 세포 손상을 예방해 대장암, 폐암 등을 예방하는 데 도움을 준다.

○ 마늘의 알리신은 암세포의 성장과 전이를 억제하는 효과가 있다.

○ 죽염의 풍부한 미네랄은 신진대사를 활발하게 해 면역력 강화에 도움을 준다.

○ 김치 발효 과정에서 생성되는 유산균은 장내 환경을 개선해 면역력을 높인다.

준비하기

기본 재료
□ 토마토 4개
□ 부추 50g
□ 양파 ½개
□ 당근 ½개
□ 죽염 2큰술

양념장 재료
□ 고춧가루 2큰술
□ 멸치액젓 1큰술
□ 나한과분말 1큰술
□ 다진 마늘 1큰술

만드는 법

1. 토마토를 먹기 좋은 크기로 썰고 죽염을 고루 뿌려 절여준다.
2. 부추는 4cm 길이로 자르고, 양파와 당근도 비슷한 길이로 채 썬다.
3. 고춧가루, 멸치액젓, 나한과분말, 다진 마늘을 섞어 양념장을 만든다.

   TIP 기호에 따라 나한과분말 분량을 조절하면 좋다.
4. 볼에 채소와 양념장을 넣고 골고루 버무려 완성한다.

3

4

토마토와 소금을 함께 혼합하여 숙성시키면 토마토 고유의 감칠맛이 한층 더 깊어지고, 그 효능 또한 상승한다. 특히 주목할 만한 점은 토마토에 풍부하게 들어있는 글루탐산이라는 성분인데, 이는 토마토의 특유한 감칠맛을 내는 주역일 뿐만 아니라 뇌세포를 활성화시키는 효능을 가지고 있다.

흥미로운 사실은 토마토를 소금에 절여 만드는 토마토 김치가 일반적인 양념보다 고기를 소화시키는 데 훨씬 뛰어난 효과를 보인다는 것이다. 토마토 김치와 함께 고기를 섭취하면 소화가 한결 수월해져, 더욱 건강하게 식사를 즐길 수 있을 것이다.

한의학적 관점에서 바라보면 토마토의 가치는 더욱 빛을 발한다. 겉과 속이 모두 붉은 토마토는 강렬한 생명에너지, 즉 '화(火)의 기운'을 가진 식품으로 여겨진다. 이러한 토마토를 숙성시켜 김치로 만들면, 생명에너지 부족으로 인한 질병, 특히 암에 대해 더욱 뛰어난 예방 효과를 발휘할 수 있다고 한다.

근대김치

근대는 정말 놀라운 생명력을 가진 채소이다. 가뭄과 더위에 잘 견디는 이 강인한 채소는 1년 내내 자라나 '영원한 시금치'로 불리기도 한다. 그만큼 건강에 좋은 성분도 가득하다. 베타카로틴, 비타민, 무기질, 식이섬유까지 풍부하게 들어있어 피로회복과 스트레스 해소에 그만이다. 또한 소화와 혈액순환, 눈 건강에도 도움을 준다. 성장기 어린이에게 꼭 필요한 필수 아미노산도 듬뿍 담겨있다. 이렇게 영양이 가득한 근대로 맛있는 김치를 담그면 영양 흡수율이 확 높아져 유효성분을 고스란히 내 것으로 만들 수 있다.

근대김치의 효능

○ 근대의 베타카로틴과 비타민 E, K는 항산화 작용으로 피로회복에 도움을 준다.
○ 풍부한 무기질이 우리 몸의 혈액순환과 신진대사를 원활하게 한다.
○ 근대의 식이섬유는 장을 건강하게 해 면역력을 높이는 데 일조한다.
○ 제아잔틴과 루테인은 노화로부터 눈을 보호한다.
○ 필수 아미노산이 풍부해 어린이 성장발육에 필요한 영양을 공급한다.
○ 유산균 발효로 유익 미생물이 풍부해져 근대의 영양가는 높아지고 소화 흡수율도 좋아진다.

준비하기

기본 재료
☐ 근대 15장
☐ 찹쌀가루 2/3컵
☐ 대파 1대
☐ 마늘 1큰술
☐ 고춧가루 2큰술
☐ 멸치액젓 1큰술
☐ 나한과분말 1큰술
☐ 죽염 1큰술
☐ 소금 적당량

만드는 법

1. 근대를 깨끗이 씻어 2% 소금물(물 1ℓ당 소금 20g)에 1시간 재워 둔다.
   TIP 근대 줄기는 잘라버리지 않고 채수 만들 때 사용하면 좋다.

2. 찹쌀가루에 물 2/3컵을 부어 잘 저은 다음 끓여 찹쌀풀을 만든다.

3. 대파는 어슷어슷 썰고 마늘은 다진다. 찹쌀풀에 고춧가루, 대파, 마늘, 죽염, 멸치액젓, 나한과분말을 잘 섞어서 양념장을 만든다.

4. 근대가 절여지면 물기를 뺀 다음 근대를 한 장 깔고 양념장을 골고루 발라주는 과정을 반복한다. 하룻밤 숙성한 뒤에 냉장고에 넣는다.

3

4

Special Tip **필수아미노산부터 비타민 B군까지 영양 만점 근대**

근대는 단백질 함량은 적지만, 어린이 성장 발육에 도움이 되는 라이신, 페닐알라닌, 로이신 등 필수아미노산이 풍부하다.

근대의 또 다른 영양적 특징은 3대 영양소의 대사를 촉진하는 비타민 B군이 풍부하다는 점이다. 이 때문에 근대는 단백질이 풍부한 두부나 생선, 고기 요리와 잘 어울린다.

특히 근대에 포함된 비타민 B1은 마늘의 알리신과 함께 섭취하면 그 흡수율과 효능이 크게 강화된다. 따라서 근대와 마늘을 함께 요리하면 영양학적으로 더욱 이상적인 조합을 만들 수 있다. 또한 근대에는 철분과 엽산이 풍부하게 들어있어 빈혈 환자들에게 특히 좋다.

과채환원주스
나박김치

나박김치는 우리 식탁에서 흔히 볼 수 있는 반찬이지만 사실 보물 같은 영양제이다. 일단 무, 배추 등의 채소에 담긴 태양 에너지가 소금에 의해 활성화되어 우리 몸에 생기와 활력을 준다. 게다가 발효 과정에서 각종 유익균까지 생겨나 장 건강에도 도움을 준다. 특히 과채환원주스 나박김치라면 그 효과는 배가된다. 과일을 삶아 만든 과채환원주스는 프락토올리고당이 풍부해 장을 튼튼하게 해주고, 항산화 작용으로 암도 예방해준다. 채소와 과일의 영양을 듬뿍 담아 면역력까지 높여주는 과채환원주스 나박김치로 매일 천연 링거액을 맞는 것 같은 효과를 누려보자.

과채환원주스 나박김치의 효능

○ 과채환원주스의 풍부한 프락토올리고당이 장내 점막을 튼튼하게 해 장 건강을 지켜준다.
○ 과일과 채소의 비타민, 미네랄 등 각종 영양소가 면역력 강화에 도움을 준다.
○ 과일의 항산화 물질이 활성산소를 제거해 암을 예방하는 효과가 있다.
○ 과채환원주스의 칼륨은 세포를 건강하게 해주고 나트륨 배출을 도와 혈압을 낮추는 데에도 일조한다.
○ 과일의 식이섬유가 장의 연동운동을 촉진해 변비 예방에 좋다.
○ 김치 발효 과정에서 생성된 유산균이 장내 환경을 개선하고 유해균 억제에 도움을 준다.
○ 채소의 황화합물은 해독 작용을 통해 암을 일으키는 물질 배출을 돕는다.
○ 마늘과 생강의 항균 물질은 염증을 낮추고 면역력을 높이는 데 도움을 준다.

준비하기

기본 재료
□ 알배추 1통
□ 무 1/3개
□ 쪽파 4대
□ 홍고추 2개
□ 다진 마늘 1큰술
□ 다진 생강 1작은술
□ 과채환원주스 2컵
　 (177쪽 참고)
□ 고춧가루 1/2컵
□ 멸치액젓 1큰술
□ 죽염 2큰술
□ 굵은소금(천일염) 1/2컵

만드는 법

1. 알배추와 무는 나박썰기 하고 쪽파는 4~5cm 길이로 썬다.
2. *1*에 굵은소금을 뿌려 20분 정도 절인 후 한 번 물에 헹궈 물기를 뺀다.
3. 절인 알배추, 무와 다진 마늘, 다진 생강을 넣고 버무린다.
4. 김치통에 물 1.5ℓ를 담은 후 과채환원주스와 고춧가루를 면포에 넣고 주물러 우려낸다.
5. 우려낸 국물에 죽염과 멸치액젓으로 넣어 간을 맞춘다.
6. 버무린 채소와 쪽파, 홍고추를 모두 *5*에 넣고 뚜껑을 닫아서 실온에 반나절 두었다가 냉장고에 보관한다.

1

2

5

6

양배추
물김치

항암 효과와 더불어 숙면 효과까지 누릴 수 있는 물김치이다. 주재료인 양배추와 브로콜리는 설포라판이라는 항암 물질이 풍부해 암세포 증식을 억제하는 데 도움을 줄 수 있다. 여기에 발효의 힘이 더해지면 소화 흡수는 물론 장내 환경을 개선하고 면역력을 높이는 효과까지 누리게 된다. 또한 양배추에는 비타민 B군과 마그네슘, 칼슘이 풍부하다. 마그네슘과 칼슘은 숙면을 돕는 영양소로 널리 알려져 있다. 항암 효과도 누리고 숙면까지 취할 수 있으니 양배추 물김치야말로 밥상 위의 의사라고 할 만하다.

양배추물김치의 효능

○ 양배추와 브로콜리의 설포라판은 강력한 항암 물질로 암세포 성장을 억제하는 효과가 있다.
○ 양배추의 마그네슘, 칼슘은 숙면을 돕는 영양소로 불면증 개선에 효과적이다.
○ 물김치 발효 과정에서 생성된 유산균은 장내 환경을 개선해 면역력을 높여준다.
○ 양배추의 식이섬유는 변비를 예방해주고 칼륨은 나트륨 배출을 도와 부종 완화에 도움을 준다.
○ 무와 배, 양파의 효소는 소화를 돕고 체내 노폐물 제거에 일조한다.
○ 생강과 마늘의 항균 물질은 염증을 낮추고 면역력을 기르는 데 효과적이다.

준비하기

기본 재료
☐ 양배추 1통
☐ 브로콜리 300g
☐ 죽염 2큰술
☐ 나한과분말 2큰술

양념 재료
☐ 생강 2톨
☐ 마늘 10쪽
☐ 양파 1개
☐ 배 ½개
☐ 고춧가루 ½컵
☐ 멸치액젓 2~3큰술
☐ 찹쌀풀 2컵

선택 재료
☐ 쪽파 1단

만드는 법

1. 양배추와 브로콜리는 한입 크기로 자른 뒤 죽염에 절인다.
2. 믹서에 생강, 마늘, 양파, 물 1컵을 넣고 간 다음 면보에 거른다. 배는 믹서로 간 뒤 고춧가루, 멸치액젓, 찹쌀풀과 섞어 면보에 거른다.

   TIP 베보자기에 넣은 후 물을 붓고 주물러 김치 국물을 만들어도 좋다.

3. 절인 양배추와 브로콜리에 건더기의 2배 정도 분량의 김치 국물을 만들어 부은 후 마지막으로 죽염과 나한과분말로 간을 맞춘 다음 숙성시킨다.

   TIP 쪽파를 추가해도 좋다.

1

상추
물김치

밤에 잠 못 이루는 분들은 상추물김치에 주목하자. 상추를 가득 담은 이 물김치가 깊은 숙면으로 인도해줄 것이다. 상추에는 락투카리움이라는 성분이 들어있어 뛰어난 진정 효과를 자랑한다. 스트레스 받을 때, 잠이 오지 않을 때 상추를 먹으면 마음이 평온해지고 숙면을 취할수 있게 된다. 게다가 발효 과정을 거친 물김치니 유익균이 풍부한 것은 물론 영양소 흡수율도 높다. 비타민과 무기질이 풍부한 상추가 어우러진 이 물김치 하나면 무더위에도 편안한 잠자리가 찾아올 것이다.

상추물김치의 효능

○ 상추의 락투카리움 성분이 스트레스와 긴장을 완화해 숙면에 도움을 준다.
○ 상추의 풍부한 식이섬유가 배변활동을 도와 숙면의 질을 높여준다.
○ 상추는 암환자의 방사선 요법이나 화학요법으로 인한 부작용을 완화시켜 준다.
○ 상추에는 철분과 엽산이 풍부하여 빈혈 예방에 효과적이다.
○ 상추를 유선염 초기에 먹으면 도움이 된다.
○ 상추물김치에는 미네랄 성분이 풍부하여 잇몸을 튼튼하게 하는 효과가 있다.
○ 발효 과정에서 생성된 유산균은 장내 환경을 개선해 숙면에 좋은 세로토닌 분비를 촉진한다.
○ 생강과 마늘의 향균 성분이 염증을 낮추고 면역력을 높여 질 좋은 잠을 잘 수 있다.
○ 상추의 철분과 아미노산은 숙면에 필요한 호르몬인 멜라토닌 생성을 돕는다.
○ 매실청의 구연산은 피로 해소에, 나한과의 망간은 신경 안정에 도움을 준다.
○ 채수의 미네랄은 숙면을 방해하는 다리 경련 등을 예방하는 효과가 있다.

준비하기

기본 재료
- □ 적상추 600g
- □ 채수 1ℓ
- □ 밥 ½공기
- □ 생강즙 ½큰술
- □ 배즙 1컵
- □ 고춧가루 3큰술
- □ 다진 마늘 1큰술
- □ 매실청 2큰술
- □ 나한과분말 2큰술
- □ 죽염 1큰술

만드는 법

1. 적상추에 죽염 ⅓큰술을 뿌리고 20~30분간 절인 후에 체에 건져 물기를 뺀다.

2. 채수 500㎖에 밥을 넣고 믹서기로 곱게 간 뒤 생강즙, 배즙을 섞는다.

3. 면포에 고춧가루를 담아 나머지 채수 500㎖에 넣고 우려낸다.

4. **2**, **3**번을 잘 섞고 다진 마늘, 매실청, 남은 죽염과 나한과분말을 넣어 국물을 만든다. 상추에 국물을 붓고 실온에서 하루 두었다가 먹는다.

1

2

4

햇살 담은 링거물김치
소생순

장내 미생물 균형을 잡아주고 갖은 채소의 영양소를 그대로 흡수할 수 있도록 도와주는 물김치를 소개한다. 이 물김치는 발효 과정을 거치며 유익균은 물론 미네랄, 비타민까지 풍부해져 말 그대로 건강 보약이다. 엽록소 가득한 채소로 태양의 기운을 담았고, 새우젓으로 발효의 깊은 맛을 더했다. 이렇게 정성껏 담은 물김치를 자주 밥상에 올려 온 가족의 장 건강을 지켜보자.

햇살 담은 링거물김치(소생순)의 효능

○ 채소의 엽록소와 미네랄이 혈액을 깨끗하게 해주고 염증을 낮춰준다.
○ 김치 유산균은 장내 미생물 균형을 맞추고 유해균 증식을 막아 면역력을 높여준다.
○ 표고버섯의 베타글루칸은 면역세포 활성화로 암을 예방하는 효과가 있다.
○ 배추의 설포라판은 강력한 항산화 물질로 세포 노화를 막아준다.
○ 무의 디아스타제 효소는 소화를 돕고 당뇨를 예방하는 데 효과적이다.
○ 마늘과 생강의 살균 작용으로 체내 염증을 낮추고 감염을 예방해준다.

준비하기

기본 재료
□ 무 1개
□ 무청 1묶음
□ 당근 2개
□ 배추(중) 1통
□ 미나리 1단
□ 표고버섯 5개
□ 새송이버섯 3개
□ 파인애플 1/3개
□ 사과 2개
□ 마늘 10쪽
□ 생강 1개
□ 새우젓 1큰술
□ 간장 2큰술

육수 재료
□ 북어 대가리 1개
□ 보리새우 50g
□ 파래가루 약간
□ 물 1ℓ

현미죽 재료
□ 현미 1컵
□ 물 1컵

죽염물 재료
□ 죽염 2큰술
□ 물 2ℓ

만드는 법

1. 냄비에 물 1ℓ를 붓고 북어 대가리, 보리새우를 넣어 10분간 끓인 후 불을 끄고 파래가루를 조금 넣어 육수를 만든다.
2. 현미와 물 1컵을 믹서기에 넣고 갈아 약불로 죽을 쑨 다음 식힌다.
3. 무, 무청, 당근, 배추, 미나리, 표고버섯, 새송이버섯, 파인애플, 사과를 잘게 썰어 준비한다.
4. 육수(1)에 마늘, 생강, 현미죽, 새우젓을 넣어 갈고 죽염, 간장으로 간을 맞추어 김치소스를 만든 후 썰어 놓은 김치 재료(3)에 넣고 버무린다.
   TIP 간은 나중에 물을 더할 것을 감안해 강하게 한다.
5. 물 2ℓ에 죽염을 녹여 끓이고 식혀서 버무려 놓은 김치에 붓고 마지막으로 간장으로 간을 맞춘다.
6. 미나리와 배추 겉잎으로 덮고 하루 정도 숙성시킨 후에 냉장고에 넣는다.

사우어
크라우트

양배추에 풍부한 글루코시놀레이트, 설포라판 같은 성분은 암 예방에 도움을 준다. 또한 비타민 U까지 듬뿍 들어있어 위궤양 치료와 위점막 재생에도 효과적이다. 이런 양배추를 발효시킨 사우어크라우트야말로 위 건강과 장 건강 지킴이라 할 만하다. 게다가 유산균 발효로 유익균은 물론 식이섬유, 비타민 등 영양소 흡수율도 배가시켰다. 뼈 건강에 좋은 비타민 K, 세포 성장과 피로 해소에 도움을 주는 글루타민까지 풍부해 종합비타민이 따로 없다.

사우어크라우트의 효능

○ 양배추의 설포라판은 암세포의 증식을 억제하는 효과가 있다.

○ 비타민 U가 풍부해 위궤양을 치료하고 위점막 재생을 돕는다.

○ 골다공증 예방에 좋은 비타민 K가 풍부하다.

○ 글루타민 성분이 세포 재생과 근육 생성을 도와주고 피로물질도 해독해준다.

○ 발효 과정에서 유산균이 증식해 장내 환경을 개선하고 면역력을 높인다.

○ 식이섬유로 변비를 예방하고 장 운동을 활발하게 해준다.

○ 유해 물질 배출을 촉진해 피부 건강에도 도움을 준다.

준비하기

기본 재료
- 양배추 1통
- 당근 1개
- 죽염 재료 총량의 2%

만드는 법

1. 양배추와 당근을 채 썰어서 죽염을 넉넉히 뿌린다.

2. 양배추 자투리(양배추 뿌리 부분)와 물 500㎖를 믹서기에 넣고 간 다음 망에 넣어 짠다.

3. 절인 양배추, 당근과 양배추즙(2) 총량의 2%의 죽염(양배추 등 재료 1kg당 죽염 20g)을 양배추즙에 넣고 섞는다.

   TIP 초반엔 짠맛이 강하지만 발효가 진행되며 양배추의 수분이 나와 자연스레 염도가 맞춰진다. 염도가 낮으면 부패할 수 있다.

4. 양배추즙을 썰어 놓은 양배추와 당근에 뿌려서 30분 정도 절인다.

5. **4**를 주물러서 미생물 발효가 잘 되도록 한다.

   TIP 양배추가 즙에 잠겨 있어야 발효가 잘된다. 풀국을 넣지 않기 때문에 양배추를 충분히 주물러서 단단한 양배추의 조직을 부수어 유산균의 먹이를 만든다.

6. 양배추가 국물에 전부 잠기도록 밀폐용기에 담고 양배추 겉잎을 덮은 후에 무거운 돌을 올려놓아 4~6주간 숙성시킨다. 뚜껑은 살짝만 올려놓는다.

   TIP 유리병에 담을 때는 70%만 담는다. 그 이상 담으면 발효과정에서 탄산이 나와 넘칠 수 있다.

1

근대
두부무침

근대는 비타민, 무기질, 식이섬유 등 영양소가 풍부해 피로 해소와 스트레스 해소에 그만이다. 여기에 단백질 덩어리 두부까지 만나면 영양 시너지 효과는 배가된다. 근대의 철분과 두부의 칼슘이 만나 빈혈 예방에 도움을 주고, 두부의 리놀렌산은 심혈관 질환 위험을 낮추는데 일조한다. 거기에 강황의 커큐민까지 더해져 항염증, 항산화 효과를 기대할 수 있어 건강 지키미 역할을 톡톡히 한다.

근대 두부무침의 효능

○ 근대의 철분과 두부의 칼슘, 마그네슘이 만나 뼈 건강과 빈혈 예방에 도움을 준다.
○ 근대의 베타카로틴은 항산화 작용으로 세포 노화를 막고 면역력을 높이는 효과가 있다.
○ 두부의 콩 단백질은 다이어트에도 좋고, 두부의 이소플라본은 여성호르몬 밸런스를 맞춰준다.
○ 들기름의 불포화지방은 혈중 콜레스테롤을 낮추고 혈액순환을 개선하는 데 도움을 준다.
○ 강황의 커큐민은 강력한 항염증, 항산화 물질로 각종 만성질환을 예방해준다.

준비하기

기본 재료
☐ 두부 ½모
☐ 근대 1줌
☐ 강황가루 1작은술
☐ 들기름 1작은술
☐ 죽염 2작은술
☐ 깨소금 1작은술

만드는 법

1. 두부를 면보자기에 싸서 물기를 짠 뒤 으깬다.
2. 냄비에 물을 붓고 끓이다가 죽염 1작은술을 넣은 다음 근대를 넣어 살짝 데친다.
3. 근대를 꼭 짜서 먹기 좋게 썬다.
4. 으깬 두부, 근대, 들기름, 깨소금, 강황가루, 죽염 1작은술을 넣고 조물조물 무친다.

3

4

청국장
미역무침

청국장 미역무침은 장 점막 회복에 특효약 같은 음식이다. 먼저 청국장에는 강력한 항암 물질인 제니스테인이 풍부하다. 또한 미역의 알긴산은 장에서 콜레스테롤 흡수를 억제해 변비 개선에 도움을 준다. 이뿐인가? 마늘의 알리신은 유해균 억제로 장내 환경을 개선하고, 브로콜리의 설포라판은 장 점막을 보호하는 효과가 있다. 모두 장 건강을 위해 꼭 필요한 성분들이다. 이 재료들을 한데 어우러지게 무쳐 더욱 시너지를 내는 청국장 미역무침이 식탁에 자주 등장할수록 장은 튼튼해지고 면역력도 높아질 것이다.

청국장 미역무침의 효능

○ 청국장의 제니스테인은 장 점막 세포의 재생을 도와 염증성 장 질환 예방에 효과적이다.
○ 미역의 알긴산은 장에서 콜레스테롤과 중금속을 흡착해 체외로 배출하는 효과가 있다.
○ 양파의 알리신은 대장암을 예방하고 장내 유해균 증식을 막아준다.
○ 브로콜리의 설포라판은 장 점막을 보호해 궤양성 대장염 완화에 도움을 준다.
○ 당근의 식이섬유는 장 운동을 활발하게 해 변비를 예방하고 독소 배출을 촉진한다.

준비하기

기본 재료
☐ 생청국장 300g
☐ 마른 미역 10g
☐ 마늘 3쪽
☐ 양파 1개
☐ 당근 50g
☐ 브로콜리 50g

양념 재료
☐ 나한과분말 1작은술
☐ 식초 1큰술
☐ 간장 1큰술

만드는 법

1. 마늘은 다지고, 양파와 당근은 채 썰어 준비한다.
2. 브로콜리는 살짝 쪄서 먹기 좋은 크기로 썰고 미역은 잘 불린 후 잘게 잘라준다.
3. 볼에 생청국장, 미역, 마늘, 양파, 당근, 브로콜리를 넣고 **양념 재료**를 넣은 후 조물조물 무친다.

3

Special Tip 청국장, 당뇨 관리의 든든한 조력자

청국장에는 섬유질이 풍부하다. 이 섬유질은 당의 흡수 속도를 늦추어 혈당이 급격하게 상승하는 것을 방지한다. 청국장의 또 다른 주목할 만한 성분은 트립신억제제와 레시틴이다. 이 두 성분은 췌장의 인슐린 분비를 촉진하는 역할을 한다. 또한 청국장의 혈당지수(GI)는 33으로 매우 낮다. 혈당지수는 식품이 혈당에 미치는 영향을 나타내는 지표로, 낮을수록 혈당 상승이 완만하다는 것을 의미한다. 청국장의 바실러스균은 고혈압을 유발하는 ACE(안지오텐신 전환 효소) 효소를 억제하는 효과가 있다. 이는 혈압을 낮추는 데 도움을 주며 당뇨와 흔히 동반되는 고혈압 관리에도 효과를 볼 수 있다.

배추찜

갑상선기능항진증은 약물 치료도 중요하지만 식단 관리도 못지 않게 중요하다. 갑상선항진증 치유에 도움이 되는 음식으로는 배추찜을 들 수 있다. 배추, 케일과 같은 잎이 넓고 햇빛에 강한 채소들은 갑상선기능항진 환자의 과잉 생산된 열을 식히고 상기된 기운을 내리는 데 도움이 된다. 또한 표고버섯의 셀레늄은 면역력을 높여 갑상선기능항진으로 인한 피로와 무기력증을 해소하는 데 효과가 있다. 이 모든 식재료를 쪄서 영양소 파괴는 최소화하고 맛은 그대로 살린 배추찜으로 갑상선 건강을 되살려보자.

배추찜의 효능

○ 배추와 케일은 갑상선호르몬 항진 환자의 과잉 생산된 열을 식히는 데 도움을 줄 수 있다.
○ 표고버섯의 셀레늄은 항산화 효과로 갑상선 손상을 예방하고 피로 해소에 도움을 준다.

준비하기

기본 재료
□ 알배기 배춧잎 10장
□ 표고버섯 5개
□ 숙주 200g
□ 케일 10장

양념장 재료
□ 간장 2큰술
□ 나한과분말 1작은술
□ 연겨자 1작은술

만드는 법

1. 표고버섯은 밑동을 제거하고 채 썬다.
2. 찜기에 배춧잎 1장을 깔고 그 위에 표고버섯, 숙주, 케일을 올린 다음 배춧잎 1장을 올린다.
3. **2**를 여러 번 반복해서 재료를 층층이 쌓아 올린다.
4. 김이 오른 찜기에 센 불로 7~8분간 찐다.
5. **양념장 재료**를 섞어 양념장을 만든다.
6. 쪄낸 채소를 먹기 좋은 크기로 썰고 양념장을 곁들여 먹는다.

애호박
숙회

항노화 | 항산화 | 콜레스테롤 개선 | 면역력 강화 | 기력 보충

애호박은 몸에 쌓인 습을 제거하면서 기운을 북돋워주는 뛰어난 식재료이다. 특히 애호박의 몰리브덴 성분은 항산화 작용으로 노화를 막고 각종 질병에 맞서 우리 몸을 보호한다. 이 애호박을 주재료로 만든 원기회복 요리, 애호박숙회를 소개한다. 찜기에 쪄서 애호박의 부드러운 식감은 살리고 유용한 성분의 파괴는 최소화시켰다. 또한 애호박과 궁합이 잘 맞는 새우젓으로 깊은 맛을, 나한과분말로 건강한 단맛을 냈다.

애호박숙회의 효능

○ 애호박의 몰리브덴 성분이 강력한 항산화 작용으로 노화와 질병을 예방한다.
○ 애호박은 부드러워 위에 자극을 주지 않고 애호박에 풍부한 비타민 A는 위점막 생성을 돕는다.
○ 애호박과 새우젓은 위장병 치료에 도움을 준다.
○ 새우젓은 발효되는 동안 생긴 많은 양의 소화 효소가 소화를 도우며 애호박에 부족한 단백질을 보완한다.
○ 표고버섯의 베타글루칸은 면역력을 높여주고 당뇨와 콜레스테롤 개선에 도움을 준다.
○ 당근의 베타카로틴은 눈 건강 유지와 피부 건강 증진에 효과적이다.

준비하기

기본 재료
- ☐ 애호박 1개
- ☐ 표고버섯 1개
- ☐ 당근 1/5개
- ☐ 청고추 1/2개
- ☐ 홍고추 1/2개
- ☐ 올리브오일 약간

양념 재료
- ☐ 새우젓 1작은술
- ☐ 고춧가루 1작은술
- ☐ 죽염 간장 1큰술
- ☐ 발효 식초 1작은술
- ☐ 나한과분말 1작은술
- ☐ 들기름 1작은술
- ☐ 통깨 1작은술

만드는 법

1. 애호박은 세로로 반 갈라 숟가락으로 씨를 파낸 다음 김이 오른 찜기에 3~4분간 찐다.

2. 표고버섯, 당근은 채를 썰고 고추는 다진다.

3. 달군 팬에 올리브오일을 두르고 표고버섯, 당근을 중간 불에서 살짝 볶은 다음 다진 고추와 **양념 재료**를 넣고 섞어 고명을 만든다.

4. 애호박을 0.5cm 두께로 썰어 접시에 담고 고명을 가지런히 올린다.

시래기
북어들깨찜

혈액 생성을 촉진해 빈혈에 도움이 되는 메뉴이다. 철분과 엽산이 풍부한 시래기, 필수아미노산이 가득한 북어로 만들어 특히 혈액이 부족해지기 쉬운 암환자에게 좋다. 시래기는 혈액 생성을 돕고, 북어의 단백질은 체내 조직 재생을 도와준다. 여기에 더해 들깨의 오메가 3 지방산(불포화지방산)은 혈행 개선을 돕는다. 또한 마늘과 대파의 유황 성분은 면역력을 강화해 항암 효과를 배가시키고 된장의 풍부한 발효 효소가 소화 흡수까지 높여준다. 이 모든 재료가 한데 어우러진 시래기 북어들깨찜은 지친 몸에 단비 같은 음식이 될 것이다.

시래기 북어들깨찜의 효능

○ 시래기의 철분과 엽산은 항암 치료로 부족해진 혈액 생성을 도와준다.
○ 시래기의 식이섬유는 장 운동을 촉진해 변비 예방과 독소 배출에 효과적이다.
○ 북어에는 아미노산이 풍부해 해독작용에 도움이 된다.
○ 들깨의 불포화지방산은 혈액순환 개선과 콜레스테롤 저하에 도움을 준다.
○ 된장의 풍부한 발효 효소는 음식 소화흡수를 높이고 장내 환경을 개선한다.
○ 마늘과 대파의 알리신 성분은 면역력을 높여 항암 작용을 강화하는 데 일조한다.

준비하기

기본 재료
- ☐ 삶은 시래기 200g
- ☐ 북어 1마리
- ☐ 홍고추 1개
- ☐ 대파 1대
- ☐ 양파 ½개
- ☐ 된장 2큰술
- ☐ 들기름 3큰술
- ☐ 다진 마늘 1큰술
- ☐ 들깻가루 3큰술
- ☐ 죽염 1작은술
- ☐ 다시마 우린 물 500㎖

만드는 법

1. 삶은 시래기는 물에 한 번 헹구고 물기를 꼭 짜서 적당한 크기로 자른다.
2. 북어는 물에 불린 뒤 가시를 제거하고 3등분한다. 홍고추와 대파는 어슷 썰고 양파는 채썬다.
3. 팬에 들기름을 두르고 시래기와 된장, 다진 마늘을 넣어 볶는다.
4. 볶은 재료 위에 북어와 양파를 올리고 다시마 우린 물을 부은 뒤 푹 끓인다.
5. 싱거운 경우 죽염으로 간을 하고 들깻가루, 홍고추, 대파를 넣어 완성한다.

1

2

3

4

5

라따뚜이
연어찜

영양은 풍부하면서도 다이어트에는 도움이 되는 라따뚜이 연어찜을 소개한다. 일단 토마토와 애호박, 가지 등 채소의 풍부한 식이섬유가 포만감을 주고 장을 건강하게 해 체중 감량에 도움을 준다. 여기에 양질의 단백질을 제공하는 연어가 더해져 근육량 유지에도 효과적이다. 이렇게 영양과 맛, 다이어트 효과까지 모두 잡은 라따뚜이 연어찜은 먹을수록 건강해지고 날씬해지는 요리이다.

라따뚜이 연어찜의 효능

○ 연어의 풍부한 단백질은 다이어트 중 잃기 쉬운 근육량을 유지하는 데 도움을 준다.

○ 토마토의 풍부한 식이섬유는 포만감을 높이고 지방 흡수를 억제해 체중 감량에 도움을 준다.

○ 애호박은 수분과 섬유소가 풍부해 포만감이 오래 유지되고 변비 예방에도 효과적이다.

○ 가지는 칼로리가 낮고 식이섬유가 풍부해 다이어트 식단에 제격이다.

○ 가지의 클로르겐산은 지방을 분해하고 연소를 촉진해준다.

○ 양파에 함유된 퀘르세틴은 신진대사를 높여 지방 분해를 촉진하는 다이어트 효능이 있다.

준비하기

기본 재료

☐ 완숙 토마토 2개
☐ 애호박 1개
☐ 가지 2/3개
☐ 생연어 500g
☐ 죽염 약간
☐ 후추 약간
☐ 올리브오일 또는
　기버터 적당량

만드는 법

1. 토마토, 애호박, 가지를 모두 동그랗게 썬다.

2. 연어를 최대한 채소와 비슷한 모양과 두께로 썬다.

3. 채소와 연어를 동그란 팬에 돌려가면서 예쁘게 담아준다.

4. 죽염과 후추, 올리브오일(또는 기버터)을 뿌린다.

5. 바닥에 물을 조금 붓고 살짝 찐다.

4

5

가지
청국장볶음

가지 청국장볶음은 여름철 보양식으로 그만인 메뉴이다. 특히 항암 효과가 뛰어난 식품들로 구성되어 있어 더욱 주목할 만하다. 청국장의 주성분인 제니스테인과 가지의 나스닌 성분은 강력한 항산화 효과가 있다. 양파의 퀘르세틴도 항산화 작용으로 암을 예방하는 데 도움을 준다. 여기에 미역귀의 후코이단까지 더해져 면역력 증진에도 효과적이다. 이 모든 재료를 향긋하게 볶아내면 영양은 물론 식욕까지 당기는 보양식 완성! 우리 몸에 활력을 불어넣어 줄 가지 청국장볶음으로 무더운 여름을 날려버리자.

가지 청국장볶음의 효능

○ 청국장의 제니스테인 성분은 유방암, 전립선암 등 호르몬 관련 암 예방에 도움을 준다.
○ 가지의 나스닌은 위암, 결장암 세포의 성장을 억제하는 항암 물질로 알려져 있다.
○ 양파의 퀘르세틴은 항산화 물질로 발암 물질로부터 세포를 보호하는 효과가 있다.
○ 미역귀의 후코이단은 면역세포 활성을 높여 항암 면역력을 기르는 데 도움을 준다.
○ 들기름은 불포화지방산인 오메가 3가 풍부해 항염증 작용을 하며 암을 예방하는 효과가 있다.
○ 마늘의 알리신은 암세포의 성장과 전이를 막아 항암 작용을 하는 것으로 알려져 있다.

준비하기

기본 재료
☐ 생청국장 50g
☐ 가지 2개
☐ 홍고추 1개
☐ 미역귀 20g
☐ 자색양파 ½개
☐ 올리브유 1큰술
☐ 들기름 1작은술
☐ 통깨 약간

볶음양념 재료
☐ 간장 2큰술
☐ 고춧가루 1작은술
☐ 다진 파 1작은술
☐ 다진 마늘 1작은술
☐ 통깨 1작은술
☐ 나한과분말
　(또는 알룰로스) 1작은술
☐ 후추 약간

만드는 법

1. 미역귀는 미리 물에 불려놓는다.
2. 가지는 반으로 갈라서 3cm 길이로 자르고 홍고추는 다진다. 불린 미역귀는 적당한 크기로 자르고 자색 양파는 얇게 썬다.
3. **볶음양념 재료**를 잘 섞어 양념장을 만든다. 달군 팬에 올리브유를 두르고 가지, 미역귀, 자색 양파, 홍고추를 넣은 후 볶음양념을 넣어 볶는다.
4. 채소가 적당히 익으면 불을 끄고 생청국장을 넣어 살살 섞은 후 들기름과 통깨를 뿌려 완성한다.

3

4

Special Tip 일본에서 먼저 주목한 가지의 항암작용

흔히 볼 수 있는 채소인 가지가 강력한 항암 작용을 가지고 있다는 사실이 일본 연구진에 의해 밝혀져 주목받고 있다. 일본 식품종합연구소의 연구팀이 수행한 연구 결과에 따르면, 가지는 벤조피렌, 아플라톡신, 그리고 탄 음식에서 발생하는 유해 물질 등 다양한 발암 물질에 대한 돌연변이 유발 억제 효과가 브로콜리나 시금치보다 2배 정도 높게 나타났다.

또한 가지에 풍부하게 들어있는 특유의 보랏빛을 내는 안토시아닌 색소 역시 강력한 항산화 물질로, 암 예방에 중요한 역할을 담당한다. 또한 이 색소는 대장암과 유방암의 원인으로 지목되는 동물성 지방 및 콜레스테롤을 대장에서 제거하는 능력을 가지고 있다.

표고버섯
단호박조림

췌장은 우리 몸의 소화와 혈당 조절에 있어 핵심적인 역할을 하는 기관이다. 그러나 잘못된 식습관과 스트레스로 인해 췌장 건강이 위협받는 경우가 많다. 이를 예방하고 건강을 지키기 위해 췌장에 좋은 식재료를 활용한 반찬을 소개한다. 바로 표고버섯 단호박조림이다. 췌장 건강에 좋은 대표적 식재료로는 표고버섯을 들 수 있다. 표고버섯에 함유된 에리타데닌은 혈액 중 콜레스테롤을 저하시켜 췌장에서 인슐린 분비를 원활하게 한다. 단호박과 당근은 면역력을 강화하며 미역귀의 후코이단은 암세포 증식을 억제하는 것으로 알려져 있다. 이 재료들을 한데 어우러지게 조려 영양소 파괴는 최소화하고 흡수율은 높인 표고버섯 단호박조림은 췌장 건강에 큰 도움을 줄 것이다.

표고버섯 단호박조림의 효능

○ 표고버섯에 함유된 에리타데닌은 인슐린 분비를 원활하게 한다.
○ 표고버섯의 베타글루칸은 면역세포 활성을 높여 암 예방에 도움을 준다.
○ 단호박과 당근의 베타카로틴은 항산화 작용이 뛰어나 면역력을 강화한다.
○ 당근은 베타카로틴이 풍부하여 항산화 작용을 통해 세포 손상을 예방하고 면역력을 강화해준다.
○ 미역귀의 후코이단은 암세포의 증식과 전이를 막는 효과가 있다.
○ 마늘의 알리신은 암세포의 성장과 전이를 막아 항암 작용을 하는 것으로 알려져 있다.
○ 들기름의 불포화지방산은 췌장의 염증 완화에, 통깨의 리그난은 항암 효과에 도움을 준다.
○ 다시마의 알긴산은 중금속 배출에 기여한다.

준비하기

기본 재료
☐ 단호박 300g
☐ 표고버섯 100g
☐ 당근 100g
☐ 불린 미역귀 100g
☐ 다시마 우린 물 또는
　 채수 3컵

양념장 재료
☐ 나한과분말
　 (또는 알룰로스) 2큰술
☐ 간장 5큰술
☐ 다진 마늘 1큰술
☐ 통깨 1큰술
☐ 들기름 1큰술

만드는 법

1. 단호박은 4등분해서 씨를 제거한 뒤 적당한 크기로 썬다. 표고버섯은 밑둥을 잘라 4등분하고 불린 미역귀와 당근도 한 입 크기로 자른다.
2. 볼에 **양념장 재료**를 넣고 양념장을 만든다.
3. 냄비에 단호박, 표고버섯, 미역귀, 당근을 넣고 다시마 우린 물(또는 채수)과 양념장을 넣어 조린다.
4. 양념이 골고루 배고 잘 조려졌으면 들기름 1큰술을 두르고 통깨를 뿌려 완성한다.

4

VOLUME. 79
SEOUL
만드는 사람들

나메타케

나메타케의 주인공인 팽이버섯은 식이섬유가 풍부해 변비 예방과 장 운동 활성화에 탁월하다. 이 요리는 팽이버섯을 발효한 것으로, 풍미도 좋고 유산균까지 풍부해 장내 환경을 더욱 효과적으로 개선시킨다. 매일 조금씩 꾸준히 먹는다면 장이 건강해지는 놀라운 변화를 경험할 수 있을 것이다.

장내 유익미생물의 먹이가 되는 나메타케는 단쇄지방산을 만들어 장점막 회복과 혈당조절, 염증과 알러지를 예방하는 데도 도움을 준다.

나메타케의 효능

○ 팽이버섯의 풍부한 식이섬유가 장벽을 자극해 연동운동이 활발해져 변비를 예방하고 장내 노폐물을 배출시켜 해독을 도와준다.

○ 팽이버섯의 비타민 B1은 에너지 생성에 필요한 영양소로 피로 해소와 장 기능 활성화에 기여한다.

○ 간장 발효 과정에서 생성된 유산균이 장내 유익균 증식을 도와 장 환경을 개선한다.

○ 식초의 구연산이 소화 효소의 분비를 촉진해 음식물의 소화 흡수를 돕는다.

준비하기

기본 재료
☐ 팽이버섯 1봉지
☐ 식초 2큰술

소스 재료
☐ 간장 4큰술
☐ 맛술 4큰술
☐ 물 4큰술
☐ 나한과분말 1큰술

만드는 법

1. **소스 재료**를 잘 섞어 소스를 만든다.
2. 냄비에 팽이버섯과 소스를 넣고 중불에서 끓인다.
3. 잘 조려지면 식초를 넣어 섞은 후 식혀서 열탕한 용기에 담아 보관한다.

장내 유익미생물의 먹이가 되는 나메타케는 단쇄지방산(Short chain fatty acids, SCFAs)을 만드는 데 도움을 준다. 단쇄지방산은 이름 그대로 탄소 사슬이 짧은 지방산을 말한다. 구체적으로는 탄소 원자가 6개 이하로 구성된 지방산을 의미하는데, 이들은 우리 몸의 장내 미생물이 만들어내는 주요 대사 산물이다. 이 과정은 매우 흥미롭다. 우리가 먹은 음식 중 소장에서 소화되지 않은 탄수화물이 대장으로 넘어가면, 그곳에 살고 있는 유익한 미생물들이 이를 분해하여 단쇄지방산을 생산하는 것이다.

장에서 주로 발견되는 단쇄지방산으로는 아세트산(Acetate), 프로피온산(Propionate), 부티르산(Butyrate)이 있다. 이들은 모두 대장에서 만들어져 바로 그 자리에서 흡수된다. 이렇게 생성된 단쇄지방산은 우리 몸에서 다양한 중요한 역할을 수행한다.

첫째, 단쇄지방산은 장 내벽 세포에 에너지를 공급하여 장 점막의 건강을 유지하는 데 중요한 역할을 한다.

둘째, 단쇄지방산은 강력한 항염증 효과를 가지고 있다. 장내 미생물이 단쇄지방산을 생성하면서 동시에 염증 반응을 조절하는 신호를 보내는데, 이는 염증 예방과 관리에 도움이 될 수 있다.

셋째, 단쇄지방산은 우리 몸의 면역 체계에 영향을 미치며, 면역 세포의 기능을 조절한다.

마지막으로, 단쇄지방산은 체중 조절, 혈당 관리, 지방 대사 등 대사 관련 질병의 예방과 관리에 도움을 준다.

봄동
문어포케

봄동 문어포케는 암환자와 식욕 부진으로 고민 중인 사람에게 안성맞춤인 한 그릇 음식이다. 우선 문어에는 타우린과 각종 필수아미노산, 미네랄이 풍부해 기력 회복에 그만이다. 콩으로 만든 템페는 소화가 잘 되는 단백질이 풍부하며 이소플라본, 칼슘의 보고이다. 이뿐인가? 봄동은 베타카로틴을 비롯한 각종 비타민으로 면역력 강화에 도움을 준다. 여기에 달래장 소스로 개운한 맛을 내고, 현미밥으로 든든함까지 더했다.

봄동 문어포케의 효능

○ 문어의 타우린은 피로 해소와 간 기능 강화에 도움을 준다.

○ 문어의 풍부한 단백질은 체력 저하로 잃은 근육량을 채워준다.

○ 템페의 콩 단백질은 면역력 증진에, 이소플라본은 암 예방에 효과적이다.

○ 봄동의 베타카로틴, 비타민 C는 세포 손상을 막고 암 억제 작용을 한다.

○ 미나리의 클로로필은 체내 중금속 배출을 돕는다.

○ 토마토의 라이코펜은 전립선암 예방에 좋고, 현미의 식이섬유는 혈당을 조절해주며 장 건강에 도움을 준다.

○ 달래의 알리신 성분은 면역력을 높이고 피로 회복을 촉진한다.

준비하기

기본 재료
□ 문어 100g
□ 봄동 100g
□ 미나리 2줄기
□ 토마토 1개
□ 템페 1팩(15cm×15cm)
□ 현미밥 1인분
□ 올리브유 약간

달래장 재료
□ 다진 달래 50g
□ 간장 2큰술
□ 통깨 1큰술
□ 매실청 1큰술
□ 들기름 1작은술

만드는 법

1. 봄동은 먹기 좋은 크기로 썰고, 미나리는 잎만 떼어 잘게 다진다.
2. 문어를 살짝 데쳐서 얇게 썬다.
3. 토마토는 모로 8등분하고, 템페는 다이스(사방 1cm)로 잘라 올리브유에 살짝 굽는다.
4. **달래장 재료**를 섞어 달래장을 만든다.
5. 그릇에 현미밥을 깔고 봄동, 문어, 템페, 토마토를 돌려가며 올린다.
6. 다진 미나리잎을 고명으로 올리고 달래장을 곁들여 완성한다.

혈관건강
잡채

혈액순환 개선 | 혈압 조절 | 콜레스테롤 조절

혈관건강잡채는 혈액순환 개선에 특화된 레시피이다. 이 요리의 주인공은 단연 우엉이다. 우엉에는 아르기닌이라는 성분이 풍부한데, 이 성분이 혈관을 확장시키고 혈액 흐름을 원활하게 하는 역할을 한다. 이렇듯 혈관 건강에는 우엉만 한 식재료가 없다. 여기에 수생식물인 숙주와 미나리를 더하면 피를 맑게 해주는 효과를 얻을 수 있다. 또한 양파에 들어있는 퀘르세틴 성분은 혈전 생성을 억제해 심혈관 질환 예방에 한몫하며 들깨의 오메가 3 지방산은 혈중 콜레스테롤을 개선해 혈관 건강을 지켜준다. 이렇게 좋은 재료들을 찜기에 찐 뒤 양념해 영양소 파괴는 최소화하면서도 맛은 그대로 살린 혈관건강잡채로 온가족 혈관을 지켜보자.

혈관건강잡채의 효능

- ○ 우엉의 아르기닌은 혈관 이완 작용으로 혈액순환을 개선하고 혈압을 낮춰준다.
- ○ 숙주의 풍부한 칼륨은 부종을 예방하고 이뇨작용이 있다.
- ○ 미나리의 철분과 엽산은 조혈 작용을 한다.
- ○ 양파의 황화합물은 혈소판 응집을 억제해 혈전증 등 혈관 질환 예방에 효과적이다.
- ○ 들깨의 오메가 3 지방산은 중성지방과 나쁜 콜레스테롤 수치를 낮추는 데 도움을 준다.
- ○ 새송이의 비타민 D, 칼륨은 칼슘 흡수를 돕고 혈압을 조절해 심혈관 건강에 좋다.

345

준비하기

기본 재료
□ 쪽파(또는 미나리) 100g
□ 우엉 100g
□ 새송이버섯 100g
□ 숙주 100g
□ 양파 100g
□ 들깨 1큰술
□ 파슬리 잎 약간

양념장 재료
□ 들깨 2큰술
□ 간장 1큰술
□ 죽염 1작은술
□ 들기름 1작은술

만드는 법

1. 쪽파는 5cm 길이로 썰고, 우엉은 껍질을 벗겨 채 썬다.
2. 새송이버섯은 반 갈라 얇게 썬다.
3. 숙주는 깨끗이 씻어 물기를 빼고 양파는 채 썬다.
4. 찜기에 김이 오르면 모든 **기본 재료**를 넣고 뚜껑을 닫아 5분간 찐 뒤 불을 끄고 재료를 꺼낸다.
5. 들깨 2큰술을 갈고 간장, 죽염, 들기름과 섞어 양념장을 만든다.
6. 찐 재료를 볼에 담고 양념장을 넣어 버무린다.
7. 접시에 담고 통들깨를 뿌린 후 파슬리잎을 얹는다.

1

2

3

마까나페

면역력이 떨어지고 기력이 없을 때, 또는 암 치료 중일 때 안성맞춤인 건강 레시피, 마까나페를 소개한다. 마까나페의 주인공인 마에는 폐, 위장, 신장을 강화해 전반적인 기력을 올려주는 사포닌 성분이 풍부하다. 여기에 청국장의 프로바이오틱스가 장내 미생물 증식을 도와 면역력 향상에도 도움을 준다. 토마토의 라이코펜은 강력한 항산화 작용으로 암세포 억제에 효과적이다. 호두는 오메가 3가 풍부해 혈행 개선과 항염증 효과를 선사한다. 고수 특유의 향은 식욕을 자극해 입맛 없을 때 제격이다. 영양은 물론 식감과 미각을 사로잡는 근사한 마까나페 한 접시로 우리 몸에 생기를 불어넣어 보자.

마까나페의 효능

○ 마의 사포닌 성분은 위장 기능을 강화하고 신장을 보호하는 효과가 있다.
○ 청국장의 프로바이오틱스는 장내 유익균 증식으로 면역력 증진에 효과적이다.
○ 청국장의 비타민 K는 뼈 건강 유지와 골다공증 예방에도 좋다.
○ 토마토의 라이코펜은 전립선암을 비롯한 각종 암 예방에 효과가 있다.
○ 호두의 불포화지방산은 혈관 건강을 지키고 항염 작용으로 염증성 질환에 도움을 준다.
○ 고수의 철분과 항산화 물질은 빈혈 예방과 세포 노화 방지에 일조한다.

기본 재료

□ 마 200g

□ 토마토(작은 것) 2개

□ 호두 100g

□ 고수(또는 미나리) 10g

□ 죽염 약간

생청국장 소스 재료

□ 생청국장 100g

□ 양파 ¼개

□ 생강즙 1작은술

□ 매실효소 1큰술

□ 들기름 1작은술

1. 마는 편으로 동그랗게 썰고, 호두는 반으로 자르고, 양파와 고수는 다진다.

2. 토마토를 반으로 갈라 동그랗고 납작하게 썬다.

3. 달군 팬에 마를 올리고 죽염을 뿌려 구운 후 접시에 한 개씩 놓는다.

4. 토마토를 구운 마 위에 올린다.

5. 생청국장, 다진 양파, 생강즙, 매실효소, 들기름을 섞어 생청국장 소스를 만든다.

6. *4* 위에 생청국장 소스를 한 스푼씩 떠서 올린 뒤 호두를 얹는다.

7. 다진 고수를 올려 완성한다.

1

2

3

생청국장
사과초무침

간단하게 만들 수 있는 장 건강 메뉴, 생청국장 사과초무침을 만들어보자. 주재료인 발효 식품, 생청국장은 유산균의 보고로, 장내 미생물 환경을 개선하는 데 도움을 준다. 여기에 사과를 더하면 식이섬유 덕분에 장 운동이 활발해지고 변비 예방 효과까지 기대할 수 있다. 양파에는 프리바이오틱스가 풍부해 유익균의 먹이가 되어주고, 장내 미생물 균형을 잡아준다. 생청국장 사과초무침은 그 자체로도 완벽한 영양 밸런스를 자랑하지만, 김이나 깻잎에 싸 먹으면 칼슘, 철분 등 무기질까지 덤으로 얻을 수 있다. 이 근사한 레시피로 온가족의 장 건강을 지켜보자.

생청국장 사과초무침의 효능

○ 생청국장의 풍부한 유산균이 장내 유익균 증식을 도와 장 건강 증진에 효과적이다.
○ 사과의 펙틴 성분은 장 운동을 활발히 해 변비를 예방하고 독소 배출을 촉진한다.
○ 양파에 들어있는 프리바이오틱스는 프로바이오틱스의 먹이가 되어 장내 환경 개선에 일조한다.
○ 김과 깻잎은 식이섬유는 물론 무기질이 풍부해 장 점막을 강화하는 데 도움을 준다.
○ 천연발효식초와 간장은 미네랄의 소화 흡수를 도와주고 유익미생물을 증식시킨다. 또한 새콤달콤한 맛으로 입맛을 돋워준다.
○ 죽염의 미네랄 성분이 장내 수분 균형을 맞춰 배변을 활성화해준다.
○ 콩을 발효시킨 생청국장의 필수아미노산은 장 점막 재생을 도와 대장 질환 예방에 좋다. 또한 이소플라본이라는 강력한 항산화제가 풍부해 전립선암, 유방암 예방에 도움을 준다.

준비하기

기본 재료
☐ 생청국장 100g
☐ 사과 ½개
☐ 양파 ¼개
☐ 김 또는 깻잎 적당량

양념장 재료
☐ 식초 1큰술
☐ 죽염 1작은술
☐ 간장 1작은술
☐ 알룰로스 1큰술

만드는 법

1. 사과는 얇게 썬다.

2. 양파는 잘게 다진다.

3. 다진 양파에 **양념장 재료**를 넣고 섞어 양념장을 만든다.

4. 볼에 생청국장과 사과, 양념장을 넣고 버무린다.

5. 김이나 깻잎 위에 한입 크기로 담는다.

만능
토마토소스

만능 토마토소스는 한 번 만들어 놓으면 김치찌개, 파스타, 볶음밥 등 어디에나 활용할 수 있어 쉽고 간편하게 항암 효과를 더할 수 있다. 주재료인 토마토에는 강력한 항암 물질인 라이코펜이 풍부하다. 라이코펜은 전립선암, 유방암 등 각종 암 예방에 탁월한 효과가 있다고 한다. 마늘의 알리신도 암세포 성장 억제에 도움을 준다. 양파의 퀘르세틴이라는 항산화 물질도 빼놓을 수 없는 항암 성분이다. 게다가 토마토를 볶아내 라이코펜 흡수율을 높이고, 나한과분말로 건강한 단맛까지 더했다. 자, 이제 맛과 영양, 항암 효과까지 모두 잡은 토마토소스로 다양한 요리의 맛과 건강 효과를 업그레이드 시켜보자.

만능 토마토소스의 효능

○ 토마토의 라이코펜은 전립선암, 유방암 등 각종 암 예방에 뛰어난 효과가 있다.
○ 마늘의 알리신 성분은 위암을 비롯한 소화기계 암 억제에 도움을 준다.
○ 양파의 퀘르세틴은 강력한 항산화 물질로 암 예방에 도움을 준다.
○ 월계수잎에는 항산화 물질이 풍부해, 체내 활성산소를 제거하고 세포 손상을 방지하는 데 도움을 준다.

준비하기

기본 재료

☐ 토마토 7개
☐ 마늘 1컵
☐ 양파 1개
☐ 셀러리(또는 비트) 1줄기
☐ 올리브오일 1큰술
☐ 월계수잎 2장
☐ 나한과분말 1큰술
☐ 죽염 1작은술
☐ 후추 약간

만드는 법

1. 토마토를 깨끗이 씻어서 냄비에 넣고 가열하여 자체의 수분으로 익혀지면 껍질을 까고 믹서에 넣어 갈아준다.

2. 마늘, 양파, 셀러리(또는 비트)를 잘게 썬다.

3. 팬에 올리브오일을 충분히 두르고 마늘과 양파를 충분히 볶은 후 셀러리를 넣어 볶는다.

4. 갈아놓은 토마토를 3에 넣고 함께 끓인 다음 월계수잎, 나한과분말, 죽염, 후추를 넣고 섞으며 한소끔 끓여 완성한다.

Special Tip **뼈 건강 지킴이, 라이코펜**

라이코펜의 주요 특징 중 하나는 강력한 항산화 작용이다. 우리 몸에서 발생하는 산화 스트레스는 뼈 조직을 포함한 여러 조직에 손상을 줄 수 있는데, 라이코펜은 이러한 산화 스트레스를 효과적으로 감소시킬 수 있다.

라이코펜은 뼈를 치료할 수 있는 골세포의 배양을 촉진하는 데도 도움을 준다. 또한 폐경 이후 여성들의 골 손실을 예방하고 골다공증의 위험을 줄일 수 있다.

3

4

생청국장
미역귀쌈장

암 예방과 면역력 향상을 위한 특별한 레시피, 생청국장 미역귀쌈장을 소개한다. 발효 식품인 생청국장과 해조류의 왕, 미역귀의 만남으로 탄생한 이 쌈장은 우리 몸의 방패인 면역력을 한 단계 업그레이드해준다. 먼저 주재료인 생청국장은 대두의 발효 과정에서 생성되는 젠니스테인이라는 물질 덕분에 암세포 성장을 억제하는 효과를 발휘한다. 여기에 더해 미역귀의 후코이단이라는 성분이 면역력을 높이고 암세포 증식을 막는 역할을 한다. 마늘과 양파의 황화합물, 토마토의 라이코펜까지 더해지면 항암 효과는 배가된다. 무엇보다 어디든 곁들여 먹을 수 있도록 쌈장 형태로 만들었으니 더할 나위 없이 간편한 건강식이다.

생청국장 미역귀쌈장의 효능

○ 생청국장의 젠니스테인은 유방암, 대장암 등 각종 암 예방에 도움을 준다.
○ 미역귀의 후코이단은 면역세포 활성화로 항암 면역력을 높이는 효과가 있다.
○ 마늘의 알리신은 위암을 비롯한 소화기계 암 예방에 효과적이다.
○ 양파의 퀘르세틴은 강력한 항산화 물질로 암세포 성장을 억제하는 역할을 한다.
○ 토마토의 라이코펜은 전립선암을 비롯한 남성 암 예방에 특히 좋다.

준비하기

기본 재료
- □ 생청국장 400g
- □ 미역귀 10g
- □ 토마토 2개
- □ 마늘 5쪽
- □ 양파 1개

양념 재료
- □ 죽염 1작은술
- □ 들기름 1작은술
- □ 나한과 분말 1작은술
- □ 식초 1작은술
- □ 고추장 1큰술
- □ 통깨 1작은술

만드는 법

1. 미역귀를 충분히 물에 불리고 미역귀와 미역귀대를 분리해 미역귀만 활용한다.

2. 토마토에 십자로 칼집을 내고 끓는 물에 살짝 데쳐서 껍질을 깐다.

3. 토마토, 마늘, 미역귀, 양파, 미역귀대를 적당한 크기로 썰어서 냄비에 넣고 볶은 다음 식혀서 믹서기로 간다.

   TIP 기름을 두르지 않고 채소의 수분으로 볶는다.

4. 청국장에 **3**과 **양념 재료**를 넣고 잘 섞는다.

3

4

05

후루룩~
뜨끈하고 맛있는
치유의 시간

국
탕
찌개

모시조개탕

모시조개는 오메가 3, 타우린 등 우리 몸에 좋은 성분이 가득한 슈퍼푸드이다. 게다가 조혈작용을 돕는 비타민 B12와 간 기능 회복을 돕는 글리신까지 풍부해 건강을 지키는 데 이만한 식재료가 없다. 이 모시조개를 끓여 만든 모시조개탕은 빈혈, 당뇨, 간 건강, 피로회복에 특효이다. 또한 모시조개는 호르몬이 가장 많은 조개로 불리는 만큼 생리불순 개선에도 도움을 준다. 여기에 마늘을 더해 면역력을 높이고, 버섯과 해조류로 영양을 보강했다. 모시조개의 풍부한 영양에 마늘, 버섯, 해조류까지 더해져 완성된 이 보양식은 우리 몸에 생기를 불어넣어 주기에 충분하다.

모시조개탕의 효능

○ 모시조개는 조혈작용에 필수적인 비타민 B12가 풍부해 빈혈 개선에 효과적이다.
○ 모시조개에 들어있는 타우린과 글리신 성분은 간 해독을 돕고 간경화 예방에 좋다.
○ 모시조개는 혈당 조절 호르몬 분비를 촉진해 당뇨병 개선에 특효이다.
○ 호르몬이 가장 많은 조개인 모시조개와 바지락은 월경불순 해소에 도움을 준다.
○ 마늘의 유황 성분은 피로회복과 면역력 강화, 중금속 배출에 효과가 있다.
○ 버섯의 베타글루칸은 면역세포를 활성화시켜 감염과 암을 예방하는 역할을 한다.
○ 해조류의 알긴산은 체내 중금속을 흡착해 배출시키고 콜레스테롤 개선에도 좋다.

준비하기

기본 재료
☐ 모시조개(또는 바지락)
　적당량
☐ 마늘 적당량
☐ 버섯 적당량
☐ 미역(또는 다시마) 적당량
☐ 굵은소금(천일염) 적당량

TIP 물 5 : 조개 3 : 마늘
　　2 : 버섯 1의 비율로
　　재료를 준비한다.

만드는 법

1. 그릇에 물과 바지락을 넣은 다음 굵은소금을 넉넉히 넣고
미역으로 덮는다.

2. 검은 봉지 안에 그릇을 넣고 10시간 정도 그대로 두어 해감
한 후 씻는다.

3. 냄비에 물과 모시조개, 마늘, 버섯을 넣고(물 5 : 조개 3 : 마늘 2
: 버섯 1의 비율) 가볍게 끓여서 국으로 먹는다.

　　TIP 모시조개탕의 치유 효과를 높이기 위하여 36시간 이상 끓여서
간장이나 죽염을 첨가해 마시면 좋다.

1

3

모시조개는 저지방 고단백 식품이라는 큰 장점을 가지고 있다. 단백질은 소화 과정이 길어 혈당을 천천히, 안정적으로 올리는 특성이 있어 혈당이 급격히 상승하는 것을 방지해준다.

모시조개는 칼슘, 마그네슘, 아연 등 미네랄이 풍부하여 전반적인 건강 유지에 도움을 준다. 특히 주목할 만한 것은 마그네슘과 아연인데, 이 두 미네랄은 인슐린 민감성을 개선하는 데 중요한 역할을 한다.

또한 모시조개는 지방 함량이 낮고, 콜레스테롤 수치를 낮추는 효과를 가지고 있어 심혈관 건강에도 이로운 영향을 미친다.

마지막으로, 모시조개의 또 다른 장점은 낮은 혈당 지수이다. 혈당 지수가 낮은 식품은 혈당 수치를 급격하게 상승시키지 않아 당뇨 환자들의 식단에 적합하다.

근대
보리새우된장국

생명력 넘치는 채소, 근대에는 베타카로틴, 비타민, 무기질, 식이섬유 등 다양한 영양소가 풍부해 피로회복과 스트레스 완화에 그만이다. 뿐만 아니라 소화 기능 강화와 혈액순환 촉진, 눈 건강, 성장기 어린이 발달까지 건강에 두루 도움을 준다. 게다가 이 근대로 된장국을 끓이면 근대의 유효성분은 효과가 훨씬 높아진다. 여기에 보리새우의 단백질과 칼슘, 된장의 풍미까지 더했다. 영양 가득한 채소 근대와 단백질 가득한 보리새우, 그리고 유익균 가득한 된장의 삼박자로 완성된 이 된장국을 자주 밥상에 올릴수록 건강에 한걸음 더 가까이 다가서게 될 것이다.

근대 보리새우된장국의 효능

○ 근대의 베타카로틴, 비타민 B12, E, K는 피로회복과 스트레스 완화에 도움을 준다.
○ 근대의 풍부한 식이섬유와 무기질은 장 건강 증진과 변비 예방에 효과적이다.
○ 근대에 들어있는 제아잔틴, 루테인 등의 항산화 물질은 눈 건강에 좋다.
○ 근대의 필수아미노산은 성장기 어린이의 건강한 발달을 돕는다.
○ 보리새우의 칼슘과 단백질은 뼈 건강을 지키고 근육량 유지에 도움을 준다.
○ 된장의 발효 과정에서 생긴 프로바이오틱스로 장내 환경이 개선된다.

준비하기

기본 재료
☐ 근대 2줌
☐ 보리새우 1컵
☐ 쌀뜨물 1ℓ
☐ 된장 2큰술
☐ 다진 마늘 1작은술
☐ 대파 ½대
☐ 죽염 적당량

선택 재료
☐ 고춧가루 약간

만드는 법

1. 냄비에 보리새우를 넣고 볶다가 쌀뜨물을 붓는다.
2. 된장을 풀고, 다진 마늘을 넣는다.
3. 씻어 놓은 근대를 먹기 좋은 크기로 잘라 넣는다.
4. 대파를 다져서 넣고 죽염으로 간을 맞춘다.

   TIP   취향에 따라 고춧가루를 넣어도 좋다.

우엉탕

신장 건강이 걱정된다면 우엉탕을 만들어 보자. 우엉에는 아르기닌 성분이 풍부한데, 이는 혈관을 확장시키는 일산화질소(NO) 생성을 촉진해 신장으로 가는 혈류량을 늘려준다. 또한 우엉의 사포닌은 강력한 항산화 작용으로 신장을 공격하는 활성산소를 제거한다. 여기에 단백질 덩어리인 두부, 감칠맛을 더하는 버섯과 고추까지 더하면 영양과 맛을 모두 잡은 보양식이 완성된다. 우엉탕을 꾸준히 먹으면 약해진 신장에 활력을 불어넣을 수 있을 것이다.

우엉탕의 효능

○ 우엉의 아르기닌은 혈관 확장 물질인 일산화질소 생성을 도와 신장으로 가는 혈류량을 늘려준다.

○ 우엉의 사포닌은 항산화 작용으로 신장의 산화적 손상을 막아주는 효과가 있다.

○ 두부의 양질의 단백질은 신장 조직 재생과 회복을 도와준다.

○ 버섯의 베타글루칸은 면역력을 높여 신장 감염을 예방하는 데 도움을 준다.

○ 고추의 캡사이신은 신진대사를 활발하게 해 신장 기능 개선에 효과적이다.

○ 들깻가루의 오메가 3는 신장의 염증을 완화하고 신장병 예방에 도움을 준다.

기본 재료
- □ 우엉 1줄기
- □ 두부 ½모
- □ 청고추 1개
- □ 홍고추 1개
- □ 느타리버섯 3개
- □ 간장 1큰술
- □ 죽염 1큰술
- □ 들깻가루 2큰술
- □ 들기름 약간

채수 재료
- □ 물 7컵
- □ 건표고 5개
- □ 무 ⅕개
- □ 다시마 10×10cm 1장

만드는 법

1. 냄비에 **채수 재료**를 넣고 센 불로 가열하고 끓어오르면 다시마를 건져낸 다음 중불로 줄여 30분간 더 끓여 채수를 만든다.

2. 우엉 껍질을 벗기지 않고 잘 씻은 후 어슷하게 썬다. 두부는 사방 1.5cm 크기로 깍둑썰기 한다.

3. 고추는 어슷 썰고 느타리버섯은 결대로 찢어 준비한다.

4. 냄비에 들기름을 두르고 우엉, 느타리버섯을 넣고 중불에 살짝 볶다 채수 5컵, 두부를 넣어 5분간 더 끓인다.

5. 우엉이 익으면 들깻가루를 넣고 다시 끓어오르면 간장, 죽염, 청고추, 홍고추를 넣고 살짝 끓여 완성한다.

당귀
백합탕

빈혈로 고생하는 사람이라면 조혈 작용을 돕는 음식이 절실할 것이다. 이번엔 혈액 건강을 되찾아줄 당귀 백합탕을 소개한다. 백합은 비타민 B12와 철분이 풍부해 혈액 생성에 필수적인 영양소를 제공한다. 특히 비타민 B12는 적혈구 형성에 결정적 역할을 한다. 여기에 사물탕의 주재료인 당귀를 더해 조혈 효과를 배가시켰다. 당귀는 혈액 순환을 촉진하고 체액 생성을 도와 혈액의 질을 높이는 역할을 한다. 특히 암 치료 중에는 혈액이 부족하기 쉬우므로 당귀 백합탕을 더욱 추천한다.

당귀 백합탕의 효능

○ 백합의 비타민 B12는 골수에서 적혈구 생성을 돕는다.
○ 백합의 철분은 혈액 속 헤모글로빈 형성에 관여해 산소 운반 능력을 높여준다.
○ 당귀의 사포닌은 조혈모세포를 자극해 혈구 생성을 촉진하는 효과가 있다.
○ 당귀는 혈액순환 개선으로 더 많은 영양분과 산소를 온몸에 공급한다.
○ 마늘의 알리신은 혈소판 응집을 억제해 혈전 예방에 도움을 준다.

준비하기

기본 재료

☐ 백합 500g
☐ 당귀 50g
☐ 대파 1대
☐ 홍고추 1개
☐ 통마늘 5쪽
☐ 굵은소금(천일염) 1큰술
☐ 후추 ½작은술

만드는 법

1. 큰 볼에 물을 붓고 굵은소금을 녹인 다음 백합을 담가 하룻밤 해감한다.
2. 대파와 홍고추는 어슷 썰고, 마늘은 얇게 썬다.
3. 냄비에 해감한 백합과 백합의 2배 분량의 물을 넣고 센 불로 끓인다.
4. 끓기 시작하면 마늘을 넣고 중불로 줄여 국물을 우려낸다.
5. 국물에 맛이 잘 우러나면 썰어둔 대파와 홍고추를 넣고 후추를 뿌린다.
6. 불을 끄고 당귀를 올려 완성한다.

황태미역국

황태미역국은 고혈압과 염증 개선에 효과적인 보양식이다. 우선 미역에는 칼륨과 마그네슘이 풍부해 혈압을 내리고 염증을 가라앉히는 데 도움을 준다. 특히 칼륨은 세포 내 과다한 나트륨을 몰아내 부종 완화에도 효과적이다. 여기에 황태를 더해 단백질 섭취는 물론 혈관 건강까지 챙겼다.

황태미역국은 미세먼지로부터 건강을 지켜주는 음식이기도 하다. 미역은 부족한 혈액을 보충하는 데 도움을 주며 혈액을 맑게 하여 상처 회복을 돕는 효능이 있다. 또한 미역을 비롯한 해조류에 풍부하게 함유된 알긴산이 중금속 해독에 효과적이어서 미세먼지로 인한 중금속 축적 문제를 해결하는 데 도움을 준다. 더불어 미역은 항암 효과도 가지고 있다. 이는 미역에 풍부하게 들어있는 베타카로틴과 후코이단 같은 항산화 성분 덕분이다.

황태 역시 미세먼지 시대에 주목해야 할 식재료이다. 황태는 뛰어난 해독 작용과 노폐물 배출 능력이 있어 우리 몸을 정화하는 데 큰 도움을 준다. 특히 중금속이나 미세먼지와 같은 환경오염 물질로부터 우리 몸을 보호하는 데 효과적이다.

황태미역국의 효능

○ 미역의 칼륨은 나트륨 배출을 도와 부종을 완화하고 혈압을 낮추는 효과가 있다.
○ 미역의 마그네슘은 혈관을 이완시켜 혈압 상승을 예방하고 혈액순환을 개선한다.
○ 미역의 식이섬유는 변비 개선으로 장내 염증 예방에 도움을 준다.
○ 황태의 풍부한 단백질은 해독을 도와주고, 콜라겐은 혈관 건강을 지켜준다.
○ 황태에 들어있는 비타민 D는 면역력을 높여 염증성 질환 예방에 도움을 준다.
○ 죽염의 풍부한 미네랄은 세포 건강을 지켜주고 만성 염증을 예방하는 데 기여한다.

준비하기

기본 재료
☐ 말린 황태 300g
☐ 말린 미역 100g
☐ 죽염 1큰술
☐ 간장 1큰술

만드는 법

1. 말린 황태를 미리 물에 불려 둔다.

2. 말린 미역은 물에 씻어서 물기를 꽉 짠다.

3. 냄비에 물 1ℓ를 붓고 황태와 미역을 넣고 충분히 끓인다.

   TIP 물 대신 채수를 넣으면 깊은 맛을 낼 수 있다.

4. 국물이 우러나고 황태가 부드러워지면 죽염, 간장을 넣어 간을 맞춘다.

INDEX

PUBLISHER'S NOTE

안녕하세요, 사슴의 숲 대표 김미은입니다.

음식을 통한 건강 회복과 삶의 질을 높이는 여정에 동참하신 여러분을 진심으로 환영합니다.

현대 사회의 끊임없는 자극과 불안 속에서 우리는 자주 자신과 주변을 돌보는 방법을 잃곤 합니다. 그렇게 정신없이 달리다 돌아보면 우리의 몸과 마음은 오래전부터 균형을 잃었고, 이미 너무나 많은 것들이 잘못되었음을 느끼게 됩니다. 동시에 현대 의료 시스템의 한계를 뼈저리게 경험하게 되지요. 그제서야 비로소 우리는 진정한 치유가 트렌드나 일시적인 증상 완화가 아닌, 변치 않는 자연의 법칙과 진실된 공감을 통해 그 원인 자체를 보살피는 힘이라는 것을 알아차리게 됩니다. 역설적이게도 우리가 겪은 고통과 시련은 이러한 진리를 깨닫게 해주는 소중한 기회입니다. 그리고 그 혼돈의 시간을 지혜롭게 보낼 수 있도록 돕기 위해 《푸드닥터 마스터 클래스》가 만들어졌습니다.

이 책은 단순히 질병별 식이 정보를 나열하는 데 그치지 않습니다. 오히려 음식과 자연을 우리 몸의 강력한 지원군으로 받아들이는 새로운 시각과 지혜를 전합니다. 한형선 박사의 양방, 한방, 영양학을 아우르는 통합적 지식과 풍부한 임상 경험, 그리고 황해연 약사의 약학과 영양학적 전문성을 탁월한 요리로 승화시킨 결과물이 이 한 권에 고스란히 담겨 있습니다. 의약품 처방으로 질환을 다루는 것이 보다 익숙하고 편했을 이 두 전문가가 '음식 처방'이라는 도전적이고 어려운 길을 선택한 이유는 무엇일까요? 확신하건데 진정한 치유에 대한 그들의 갈망과 열정 때문일 것입니다. 이 두 저자의 평생에 걸친 연구와 노력의 결실로 탄생한 《푸드닥터 마스터 클래스》를 여러분께 소개드릴 수 있게 되어 깊은 감사와 기쁨을 느낍니다.

우리의 몸은 자연의 섭리를 따르며, 그 어떤 것보다 정직하게 반응합니다. 우리 몸을 구성하는 모든 세포는 여러분의 온전한 웰빙을 추구하도록 설계되어 있습니다. 때로는 불편함이나 통증으로 나타나는 간절한 메시지에 귀 기울여 주세요. 이때 우리가 할 수 있는 가장 현명한 대응은 적절한 음식으로 우리 몸에 든든한 지원군을 보내 그들이 면역력과 항상성을 되찾도록 돕는 일입니다. 어떻게 그들을 도와야 할지 고민된다면, 《푸드닥터 마스터 클래스》와 사슴의 숲이 여러분의 믿음직한 안내자가 되어드리겠습니다.

이렇게 우리가 우리 스스로와 소중한 이들을 사랑하기 위한 걸음을 내딛는 순간, 우리의 주방은 단순한 요리 공간을 넘어 진정한 치유의 장소이자 자연의 약국으로 탈바꿈할 것입니다. 여러분의 아름다운 선택을 진심으로 응원합니다.

김미은 드림

제품 및 상담 문의처

- 천연발효 식초 한국푸드닥터(https://kofda.tistory.com/m)
- 건강 제품 모자연약국(043-848-1100)
- 죽염 및 식재료, 식단코칭과정 네이버 헬씨약사몰(https://smartstore.naver.com/healthypharmm)
- 샐러드 마스터 이로운약국(010-9316-5409, 카카오톡 오픈채팅 https://open.kakao.com/o/sQzoSusc)
- 제철 채소 및 과일 풍년곳간(1833-7331, https://link.inpock.co.kr/richkokkan)